高等职业教育测绘地理信息类规划教材

无人机倾斜摄影测绘技术

主 编 刘仁钊 马 啸

副主编 王淑璇 朱闫霞 崔红超

U0435345

WUHAN UNIVERSITY PRESS
武汉大学出版社

图书在版编目(CIP)数据

无人机倾斜摄影测绘技术/刘仁钊,马啸主编 .—武汉:武汉大学出版社,2021.2(2024.12 重印)
高等职业教育测绘地理信息类规划教材
ISBN 978-7-307-22130-7

Ⅰ.无… Ⅱ.①刘… ②马… Ⅲ. 无人驾驶飞机—航空摄影—应用—测绘—高等职业教育—教材 Ⅳ.P25

中国版本图书馆 CIP 数据核字(2021)第 020576 号

责任编辑:杨晓露　　责任校对:汪欣怡　　版式设计:马　佳

出版发行:**武汉大学出版社**　(430072　武昌　珞珈山)
(电子邮箱:cbs22@ whu.edu.cn 网址:www.wdp.com.cn)
印刷:武汉中科兴业印务有限公司
开本:787×1092　1/16　印张:10.75　字数:262 千字　插页:1
版次:2021 年 2 月第 1 版　　2024 年 12 月第 5 次印刷
ISBN 978-7-307-22130-7　　定价:29.00 元

版权所有,不得翻印;凡购买我社的图书,如有质量问题,请与当地图书销售部门联系调换。

前　言

本书是在全国测绘地理信息职业教育教学指导委员会指导下，以全国测绘地理信息职业教育教学指导委员会“十三五”规划教材研讨会上制定的测绘类《无人机倾斜摄影测绘技术》教学大纲为主要依据编写完成的。全书共分为6章，授课40~50学时。围绕无人机倾斜摄影测量过程，详细介绍了摄影测量基础知识、无人机知识、无人机航线规划、像控点测量、三维实景模型生产和数字地形图绘制等内容。为了突出新技术的应用，书中参考了近三年的无人机测绘新技术成果。

本书在编写过程中注重高职高专教材的特点，以无人机倾斜摄影测量数字产品生产过程作为参照系，按工作流程模块化组织结构由简到繁地编写，力求深入浅出、通俗易懂，尽量做到重点突出，循序渐进，着重于无人机测绘实际应用；同时书中内容叙述详细，便于读者自学。

本书由刘仁钊、马啸任主编，王淑璇、朱闫霞、崔红超任副主编。刘仁钊编写了第1、第6章，马啸编写了第2章，王淑璇编写了第3章，朱闫霞编写了第5章，崔红超编写了第4章。武汉南北极地理信息有限公司总经理李金文、湖北山锐航空遥感科技有限公司总经理高宇、湖北辉宏地理信息有限公司总经理罗胜金、武汉纵横天地空间信息技术有限公司总工钟小军和武汉集益思信息技术有限公司总经理李士洪参加了部分内容的编写工作，审阅了全稿并提出了诸多建议，刘梦婷承担了书中插图的绘制工作，李梦静进行了文字校对，全书最后由刘仁钊教授统一修改定稿。

本书完成后，由武汉大学李建松教授、潘润秋教授进行了认真细致的审稿，提出了许多宝贵意见。修改后，通过了全国测绘地理信息职业教育教学指导委员会“十三五”规划教材审定委员会的审定，作为测绘学科测绘与资源开发类高职高专院校统编教材，供高等职业教育学校测绘与资源开发类专业使用。在此对李建松教授、潘润秋教授和教材审定委员会的各位专家表示感谢！在本书编写过程中，参考了一些院校的同类教材，在此表示感谢！同时对武汉大学出版社为本教材的顺利出版给予的大力支持表示感谢。

由于编者水平有限，书中的错误和不足之处在所难免，恳请广大读者给予批评指正。

编　者

2020年7月于武汉

目　　录

第1章　摄影测量概述

1.1　摄影测量的定义和分类

1.1.1　摄影测量的定义

摄影测量，通俗地讲就是通过摄影的方式，在摄影像片上借助一定的工具、技术手段和方法测量物体的位置和大小。

国际摄影测量与遥感学会(International Society of Photogrammetry and Remote Sensing, ISPRS)1998年在日本京都召开第16届国际会议，给出"摄影测量与遥感"的定义：摄影测量与遥感是从非接触成像和其他传感器系统，通过记录、量测、分析与表达等处理，获取地球以及环境和其他物体可靠信息的工艺、科学与技术。其中，摄影测量侧重于提取几何信息，遥感侧重于提取物理信息。也就是说摄影测量是从非接触成像系统，通过记录、量测、分析与表达等处理，获取地球及其环境和其他物体的几何、属性等可靠信息的工艺、科学与技术。

1.1.2　摄影测量的分类

摄影测量的特点是对影像进行量测与解译等处理，无须接触物体本身，因而较少受到周围环境与条件的限制。被摄物体可以是固体、液体或气体；可以是静态或动态；也可以是遥远的、巨大的(宇宙天体与地球)或极近的、微小的(电子显微镜下的细胞)。同时，影像是客观物体或目标的真实反映，其信息丰富、形态逼真，可以从中提取所研究物体大量的几何信息与物理信息，因此，摄影测量可以广泛应用于各个方面。

1. 按照成像距离的不同分类

航天摄影测量：传感器搭载在航天飞机或卫星上，摄影距离大于100km，主要用于卫星遥感影像测绘地形图或专题图，或快速提取所需空间信息。

航空摄影测量：传感器搭载在航空飞机或航空器上，摄影距离在1~10km，是当前摄影测量生产各种中小比例尺地形图的主要方法。如图1-1所示。

地面摄影测量：通常传感器搭载在无人机上，且摄影高度在100~1000m，是生产各种大比例尺地形图的主要方法，也常用于小区域工程测图和补测航摄漏洞。

近景摄影测量：摄影距离小于300m，主要用于特定的竖直目标，而非地形目标的

图 1-1　航空摄影

测量。

显微摄影测量：利用扫描电子显微镜摄取的立体显微像片，对微观世界进行摄影测量。

2. 按照应用对象的不同分类

地形摄影测量：主要任务是测绘国家基本比例尺的地形图，以及城镇、农业、林业、地质、交通、工程、资源与规划等部门需要的各种专题图，建立地形数据库，为各种地理信息系统提供三维的基础数据。

非地形摄影测量：主要是将摄影测量方法用于解决资源调查、变形观测、环境监测、军事侦察、弹道轨道、爆破，以及工业、建筑、考古、地质工程、生物和医学等各方面的科学技术问题。其对象与任务千差万别，但其主要方法与地形摄影测量一样，即从二维影像重建三维模型，在重建的三维模型上提取所需的各种信息。

3. 按照摄影瞬间光轴的方向不同分类

(1)竖直摄影：也称为垂直摄影，要求航摄机在曝光的瞬间物镜主光轴保持垂直于地面。实际上，由于飞机的稳定性和摄影操作的技能限制，航摄机主光轴在曝光时总会有微小的倾斜(见图 1-2)，按规定要求像片倾角应小于 2°~3°，这种摄影方式称为竖直摄影或垂直摄影。对于无人机而言，通常要求像片倾角小于 10°。以测绘地形图为目的的空中摄影多采用竖直摄影方式。

(2)水平摄影：有些特殊情况下，需要将摄影机主光轴方向接近水平方向进行摄影测量。被摄影物体主要位于竖直面内，如陡岩、墙面等。通常用于近景摄影测量中。

(3)倾斜摄影：当摄影机主光轴方向与铅垂线夹角在 0°~45°时的摄影，目的是为了获得更好的纹理效果。倾斜摄影是 2000 年后发展起来的一种摄影测量方法，目前主要用于生产三维实景模型。

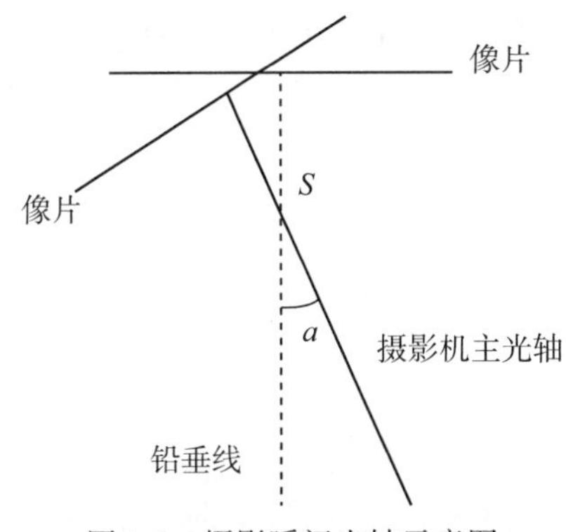

图 1-2 摄影瞬间光轴示意图

1.1.3 摄影测量的发展阶段

传统摄影测量的主要目的是测绘地形图，作业方法采用地面立体测量方法。其根本思想是从外业摄影获取立体像对(在不同的两个摄站对同一地区进行摄影所得的两张像片为一个立体像对)，再施测少量控制点，经过内业一系列的处理，在立体像对上进行要素采集，获得我们所需要的被摄区的地形图，它的基本原理是前方交会原理。

摄影测量经过近一个世纪的发展，其技术手段经过了模拟法、解析法与数字法。随着摄影测量技术的进步，摄影测量也经历了模拟摄影测量、解析摄影测量与数字摄影测量三个发展阶段。

1. 模拟摄影测量(1900—1960 年)

模拟摄影测量是用光学机械的方法模拟摄影时的几何关系，通过对航空摄影过程的几何反转，由像片重建一个缩小了的所摄物体的几何模型，对几何模型进行量测便可得出所需的图形，如地形原图。模拟摄影测量是最直观的一种摄影测量，也是延续时间最久的一种摄影测量。自从 1859 年法国陆军上校 Laussedat 在巴黎试验用像片测制地形图获得成功，从而诞生了摄影测量技术以来，除最初的手工量测以外，主要是致力于模拟解算的理论方法和设备研究。在人类发明飞机以前，虽然借助气球和风筝也取得了空中拍摄的照片，但是并未形成真正意义上的航空摄影测量。在人类发明飞机以后，特别是第一次世界大战，加速了航空摄影测量事业的发展，模拟摄影测量的技术方法也由地面摄影测量发展到航空摄影测量的阶段。如图 1-3 所示为模拟测图仪。

2. 解析摄影测量(1956—1980 年)

解析摄影测量是伴随电子计算机技术的出现而发展起来的一门高新技术。这项技术始于 20 世纪 50 年代末，完成于 20 世纪 80 年代。解析摄影测量是依据像点与相应地面点间的数学关系，用电子计算机解算像点与相应地面点的坐标和进行测图解算的技术。在解析摄影测量中利用少量的野外控制点，加密测图用的控制点或其他用途的更加密集的控制点的工作，称为解析空中三角测量。由电子计算机实施解算和控制进行测图，则称之为解析测图。相应的仪器系统称为解析测图仪(图 1-4)。解析空中三角测量俗称电算加密。电算加密和解析测图仪的出现，是摄影测量进入解析摄影测量阶段的重要标志。

图 1-3　模拟测图仪

图 1-4　解析测图仪

3. 数字摄影测量(1980 年至今)

数字摄影测量则是以数字影像为基础，用电子计算机进行分析和处理，确定被摄物体的形状、大小、空间位置及其性质的技术，数字摄影测量具有全数字的特点。一张影像连续变化的像片可以定义为一组离散的二维灰度矩阵，每个矩阵元素的行列序号代表这个矩阵在像片中的位置，元素的数值是像片的灰度，矩阵元素在像片中的面积很小，有 13μm×13μm，25μm×25μm，50μm×50μm 等，称为像元(pixel)。数字影像的获取方式有两种：一是由数字式遥感器在摄影时直接获取，二是通过对像片的数字化扫描获取。对已获取的数字影像进行预处理，使之适于判读与量测，然后在数字摄影测量系统中进行影像匹配和摄影测量处理，便可以得到各种数字成果，这些成果可以输出成图形、图像，也可以直接应用。

如图 1-5 所示为数字测图工作站。数字摄影测量适用性很强，能处理航空像片、航天像片和近景摄影像片等各种资料，能为地图数据库的建立与更新提供数据，能用于制作数字地形模型、数字地球。数字摄影测量是地理信息系统获取地面数据的重要手段之一。

图 1-5 数字测图工作站

20 世纪 90 年代，数字摄影测量系统进入实用化阶段，并逐步替代传统的摄影测量仪器和作业方法。

数字摄影测量与模拟摄影测量、解析摄影测量的最大区别在于：数字摄影测量处理的原始资料是数字影像或数字化影像，数字摄影测量最终是以计算机视觉代替人的立体观测，因而数字摄影测量所使用的仪器最终将只是通用计算机及其相应的外部设备；其产品是数字形式的，传统的产品只是该数字产品的模拟输出。表 1-1 列出了摄影测量三个发展阶段的特点。

表 1-1 **摄影测量三个发展阶段的特点**

发展阶段	原始资料	投影方式	仪器	操作方式	产品
模拟摄影测量	像片	物理投影	模拟测图仪	作业员手工	模拟产品
解析摄影测量	像片	数字投影	解析测图仪	机助作业员操作	模拟产品 数字产品
数字摄影测量	像片数字影像 数字化影像	数字投影	计算机	自动化操作 作业员的干预	数字产品 模拟产品

1.2 倾斜摄影测量概述

1.2.1 倾斜摄影的概念

倾斜摄影测量技术是国际测绘遥感领域近年发展起来的一项高新技术，它通过在同一飞行平台上搭载多台传感器，同时从多个不同的角度采集影像，通过摄影测量原理和计算机技术生成的数据成果直观反映地物的外观、位置、高度等属性，得到和现实完全一致的三维模型，从而将用户引入了符合人眼视觉的真实直观世界，为真实效果和测绘级精度提供保证。目前，三维建模在测绘行业、城市规划行业、旅游业甚至电商业等的行业应用越来越广泛。

与传统的垂直摄影方式不同，倾斜摄影一般在同一飞行平台上搭载 5 台传感器，同时从 1 个垂直、4 个倾斜共 5 个不同的角度采集影像。垂直地面角度拍摄获取的是垂直向下的一组影像，称为正片，镜头朝向与地面成一定夹角拍摄获取的 4 组影像分别指向东、南、西、北，称为斜片。如图 1-6、图 1-7 所示。

图 1-6　多旋翼倾斜摄影示意图

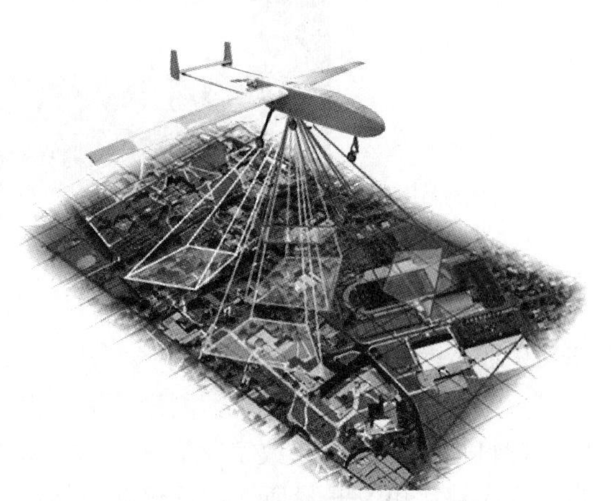

图 1-7　固定翼倾斜摄影示意图

在一个时段，飞机连续拍摄几组影像重叠的照片，同一地物最多能够在 3 张像片上被找到，这样内业人员可以比较轻松地进行建筑物结构分析，并且能选择最为清晰的一张照片进行纹理制作。向用户提供真实、直观的实景信息。影像数据不仅能够真实地反映地物情况，而且可通过先进的定位技术，嵌入地理信息、影像信息，获得更高的用户体验，极大地拓展遥感影像的应用范围。

1.2.2　倾斜摄影测量技术特点

1. 反映地物真实情况并且能对地物进行量测

倾斜摄影测量所获得的三维数据可真实地反映地物的外观、位置、高度等属性，增强了三维数据所带来的真实感，弥补了传统人工模型仿真度低的缺点，增强了倾斜摄影技术的应用。

2. 高性价比

倾斜摄影测量数据是带有空间位置信息的可量测的影像数据，能同时输出 DSM，DOM，DLG 等数据成果。可在满足传统航空摄影测量的同时获得更多的数据。同时使用倾斜影像批量提取及贴纹理的方式，能够有效地降低城市三维建模成本。

3. 高效率

倾斜摄影测量技术借助无人机等飞行载体可以快速采集影像数据，实现全自动化的三维建模。实验数据证明：1~2 年的中小城市三维人工建模工作，借助倾斜摄影测量技术只需 3~5 个月就可完成。

1.2.3　倾斜摄影测量技术的应用

由于倾斜影像为用户提供了更丰富的地理信息，更友好的用户体验，倾斜摄影测量技术目前在欧美等发达国家已经广泛应用于应急指挥、国土安全、城市管理、房产税收等行业。在国内政府部门多用于国土监测、房产税收、土地整治、数字城市、城市管理、应急指挥、灾害评估、环境监测。在企事业单位主要用于房地产开发、工程建筑规划与设计、实景导航、旅游规划等领域，如图 1-8 所示。

图 1-8　倾斜摄影测量技术的应用

1.2.4　倾斜摄影测量作业流程和产品成果

1. 倾斜摄影测量作业的工作流程(图 1-9)

(1)外业工作：主要有任务计划、航线规划、航拍、像控点布设和测量等。

(2)内业工作：包括数据准备、新建项目、像片和 POS 文件导入、像片刺点、空三加密、三维模型生产、DSM/TDOM 生产、DLG 采集等。

2. 倾斜摄影测量作业的主要产品成果

(1)DSM 和 TDOM 数据产品，见图 1-10(a)、图 1-10(b)。

(2)DLG 数据产品，见图 1-10(c)。

(3)三维立体实景模型成果，见图 1-11。

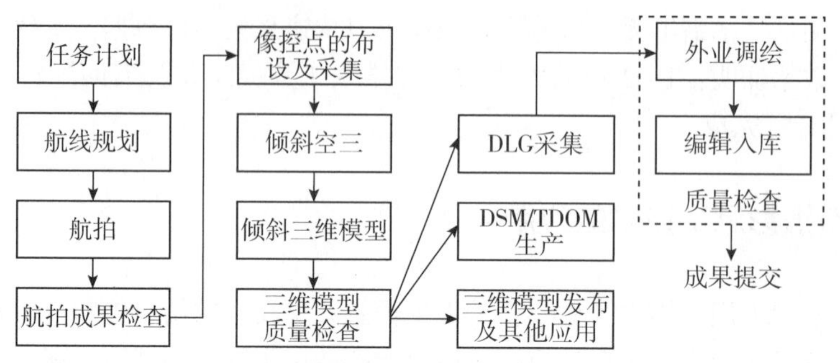

图 1-9　倾斜摄影测量作业工作流程

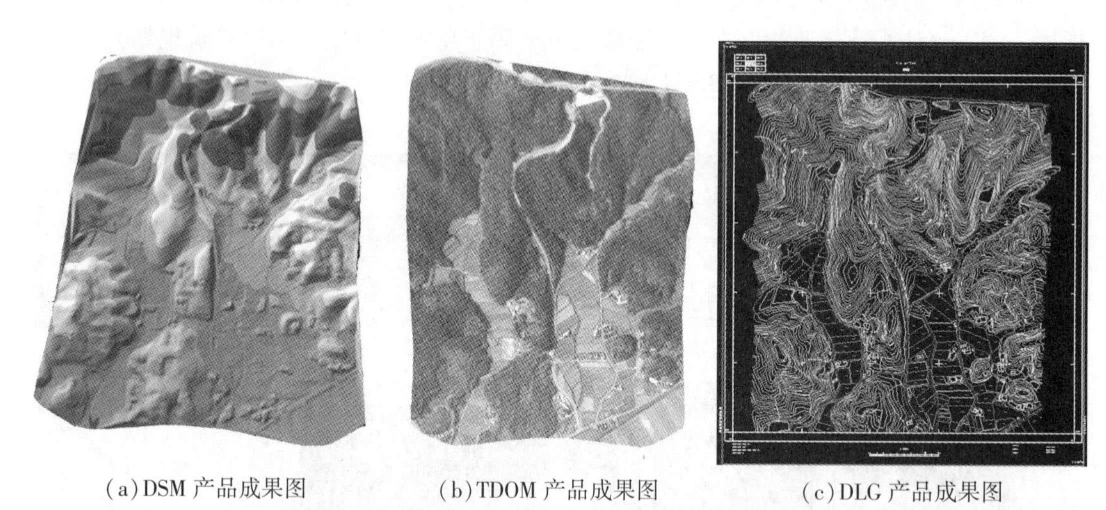

(a)DSM 产品成果图　(b)TDOM 产品成果图　(c)DLG 产品成果图

图 1-10　某地 DSM、TDOM 和 DLG 产品成果图

图 1-11　湖北国土资源职业学院三维模型图

习题和思考题

1. 摄影测量的分类有哪些？分别是什么？
2. 摄影测量的三个发展阶段及其特点各是什么？
3. 摄影测量具有哪些优越性？
4. 数字摄影测量与传统摄影测量的根本区别是什么？
5. 什么是倾斜摄影？它有什么特点？
6. 倾斜摄影的外业工作有哪些？内业工作有哪些？
7. 倾斜摄影的直接数字化产品有哪些？

第2章　航测无人机

2.1　无人机基本知识

2.1.1　无人机的定义

无人机(Unmanned Aerial Vehicle，UAV)，顾名思义是无人驾驶的飞机。它在无人驾驶的情况下通过无线电波远程操纵。无人机驾驶的程序控制装置分为人工操纵、半自主飞行和全自主控制三种飞行方式。机上装备的摄影测量设备用来获取地面数字影像，然后从数字影像中提取相关信息。

2.1.2　无人机的分类

无人机有很多种类，因此分类的方式也很多，最常用的分类方式主要为按动力、外形结构、用途这三个方面来划分。

1. 按动力划分

根据动力源的不同，无人机可以分为油动无人机和电动无人机这两种。油动无人机，即采用油气作为驱动；电动无人机，即采用电池(锂电池)作为驱动。两种无人机各有所长，油动无人机的优点为续航时间较长，其缺点为在安全问题上存在隐患，一旦发生坠机，很容易引发火灾；而电动无人机的优点为安全性较高，其缺点为续航时间短，工作效率低。

2. 按外形结构划分

根据外形结构的不同，无人机可以分为多旋翼无人机、固定翼无人机(图2-1(a))和无人直升机。多旋翼无人机，即靠螺旋桨的高速旋转来获得动力。按照螺旋桨数量，又可细分为四旋翼无人机、六旋翼无人机和八旋翼无人机等。

通常情况下，螺旋桨的数量越多，飞行就会越平稳，操作也就更容易。多旋翼无人机以其操作简单、拍摄稳定、对场地要求低等特点受到大众的青睐。图2-1(b)是北京红鹏天绘科技有限责任公司生产的六旋翼无人机。

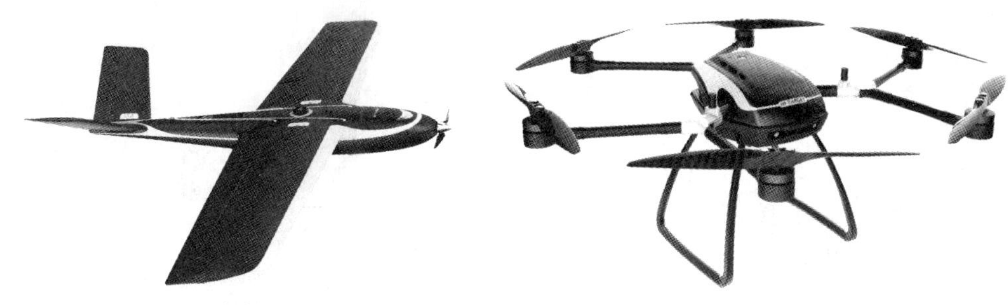

(a)固定翼无人机　　　　　　　　　　(b)六旋翼无人机

图 2-1　固定翼、六旋翼无人机

3. 按用途划分

根据用途的不同来划分，无人机又可以分为军用无人机、专业无人机和民用无人机。军用无人机，即能够参与到战争中并能够提供有利信息的高科技武器，其在各个方面都需要很好的要求及装备；专业无人机，即满足各个行业中的专业需求的无人机，要求无人机具有续航能力强、拍摄精度高、容量大等特点；民用无人机，即最大众的一款无人机，这类无人机一般是旋翼机，其体积小，在续航能力以及拍摄精度方面条件一般，主要用于娱乐和航拍。如图 2-2 至图 2-4 所示为各种类型的无人机。

图 2-2　军用型、消费级、专业型无人机

图 2-3　军用侦察、携弹型无人机

图 2-4　消费级娱乐型无人机

目前国内测绘无人机企业如雨后春笋般涌现，如我们熟悉的大疆精灵 4RTK、大疆 M600 PRO、M210 系列；迪奥普 SV360 系列无人机；飞马 D200、V1000 系列；成都纵横 CW 系列；科比特无人机等；广州中海达、广州南方卫星导航及上海华测导航等测绘仪器厂商也陆续推出自己的航测无人机产品。

2013 年 11 月，中国民用航空局(CA)下发了《民用无人驾驶航空器系统驾驶员管理暂行规定》(以下简称《规定》)，由中国 AOPA 协会负责民用无人机的相关管理。根据《规定》，中国内地无人机操作按照机型大小、飞行空域可分为 11 种情况，其中仅有 116kg 以上的无人机和 4600m^3 以上的飞艇在融合空域飞行由民航局管理，其余情况，包括日渐流行的微型航拍飞行器在内的其他飞行，均由行业协会管理，或由操作手自行负责。

2.1.3　无人机的系统组成

无人机系统主要包括飞行平台、摄影云台、地面控制站(地面站)、发射与回收系统等。如图 2-5 所示。

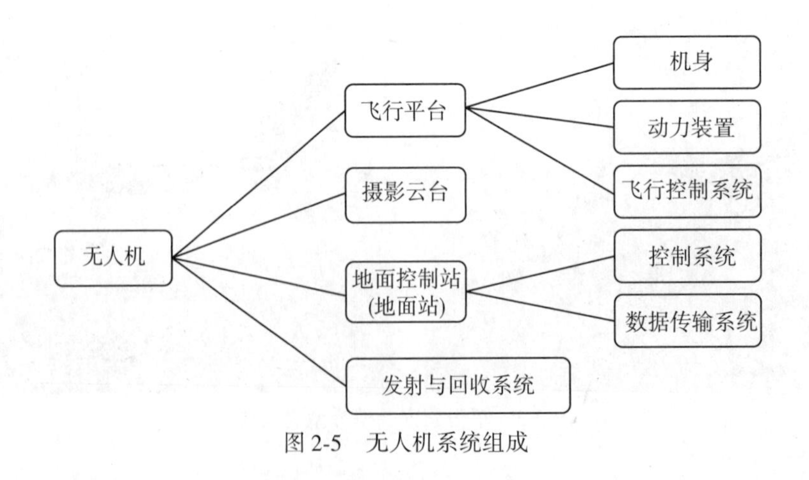

图 2-5　无人机系统组成

飞行控制系统又称为飞行管理与控制系统，相当于无人机系统的“心脏”部分，对无人机的稳定性、数据传输的可靠性、精确度、实时性等都有重要影响，对其飞行性能起决定性的作用；数据传输系统可以保证对遥控指令的准确传输，以及无人机接收、发送信息的实时性和可靠性，以保证信息反馈的及时有效性和顺利、准确地完成任务。发射与回收系统保证无人机顺利升空以达到安全的高度和速度飞行，并在执行完任务后从天空安全回落到地面。

1. 飞行平台(载机)

1)机身

固定翼无人机机身一般由EPP(Expanded Polypropylene，发泡聚丙烯)、EPO(Exposed Polymeric-emulsion Waterproof Coating，一种防水、防腐、隔热的涂料)、玻璃钢、木材等高强度低质量的材质构成。多旋翼无人机机身一般由碳纤维材料作为主要材质。

2)动力装置

固定翼多用无刷电动机、甲醇发动机、汽油发动机、涡扇发动机、涡喷发动机(后两种多为军用)等作为动力装置，如图2-6所示。

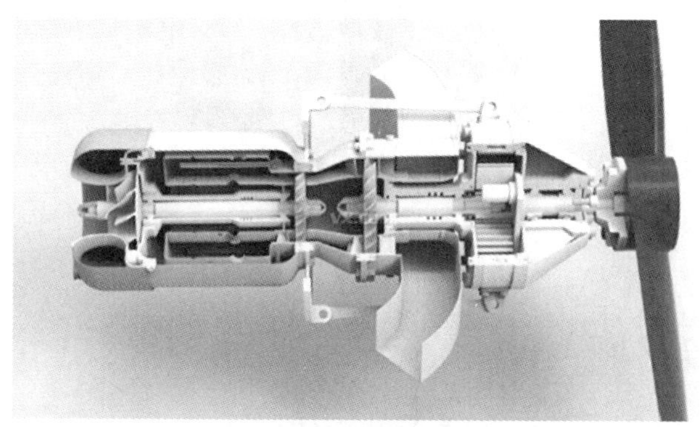

(a)无刷电动机

(b)汽油发动机

(c)涡扇发动机

(d)涡喷发动机

图2-6　各类型发动机

3）飞行控制系统

飞行控制系统用于无人机的导航、定位和自主飞行控制，它由飞控板、惯性导航系统、GPS 接收机、气压传感器、空速传感器等部件组成。

飞控系统性能指标要求：

（1）飞行姿态控制稳度：横滚角应小于±3°，俯仰角应小于±3°，航向角应小于±3°；

（2）航迹控制精度：偏航距应小于±20m、航高差应小于±20m、航迹弯曲度应小于±5°。

2. 摄影云台

包括相机控制装置、摄影相机（测量型和非测量型）。如图 2-7 所示。

（a）相机控制装置

（b）五镜头倾斜摄影相机

图 2-7　摄影云台组成

3. 地面控制站（地面站）

地面控制站由无线电遥控器、数传电台、增程天线、监控计算机系统、地面供电系统以及监控软件等组成。如图 2-8 所示。

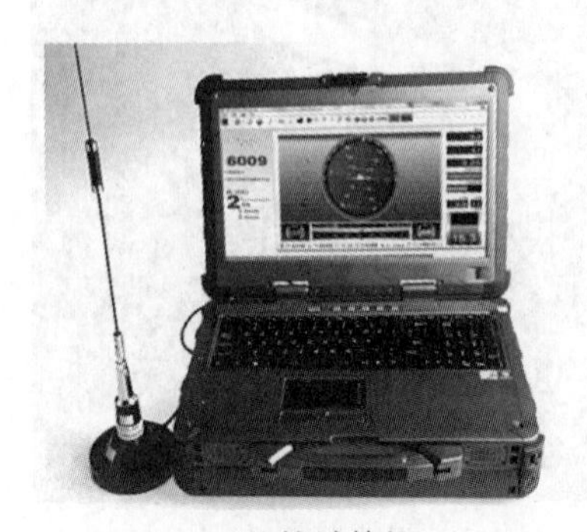

（a）监控计算机

（b）遥控器

（c）数传电台

图 2-8　地面控制站组成

(1)监控站主机应选用加固笔记本电脑或同等性能的计算机和电子设备；

(2)监控数据可以图形和数字两种形式显示，显示应做到综合化、形象化和实用化；

(3)无线电遥控器通道数应多于 8 个，以满足使用要求；

(4)监控计算机应满足一定的防水、防尘性能要求，能在野外较恶劣环境中正常工作；

(5)监控计算机的主频、内存应满足监控软件对计算机系统的要求；

(6)电源供电系统应保障地面监控系统连续工作时间大于 3 小时。

4. 发射与回收系统

起飞与降落装置见图 2-9。

1)起飞方式

(1)滑跑起飞。

优点：无需弹射器。缺点：场地限制。

(2)弹射起飞。

优点：没有场地限制。缺点：需要购置弹射器。

2)降落方式

(1)滑跑回收。

优点：无需回收降落伞。缺点：场地限制，安全性不如伞降。

(2)伞降回收。

优点：安全可靠，受场地制约影响小。缺点：需要降落伞以及飞控系统支持。

图 2-9　起飞与降落装置

2.1.4　旋翼无人机飞行工作原理

下面以四旋翼无人机为例介绍其飞行工作原理。

如图 2-10 所示为四旋翼无人机工作时电机旋转的工作情况。四旋翼飞行器的电机 1 和电机 3 逆时针旋转的同时，电机 2 和电机 4 顺时针旋转，因此当飞行器平衡飞行时，陀螺效应和空气动力扭矩效应均被抵消。

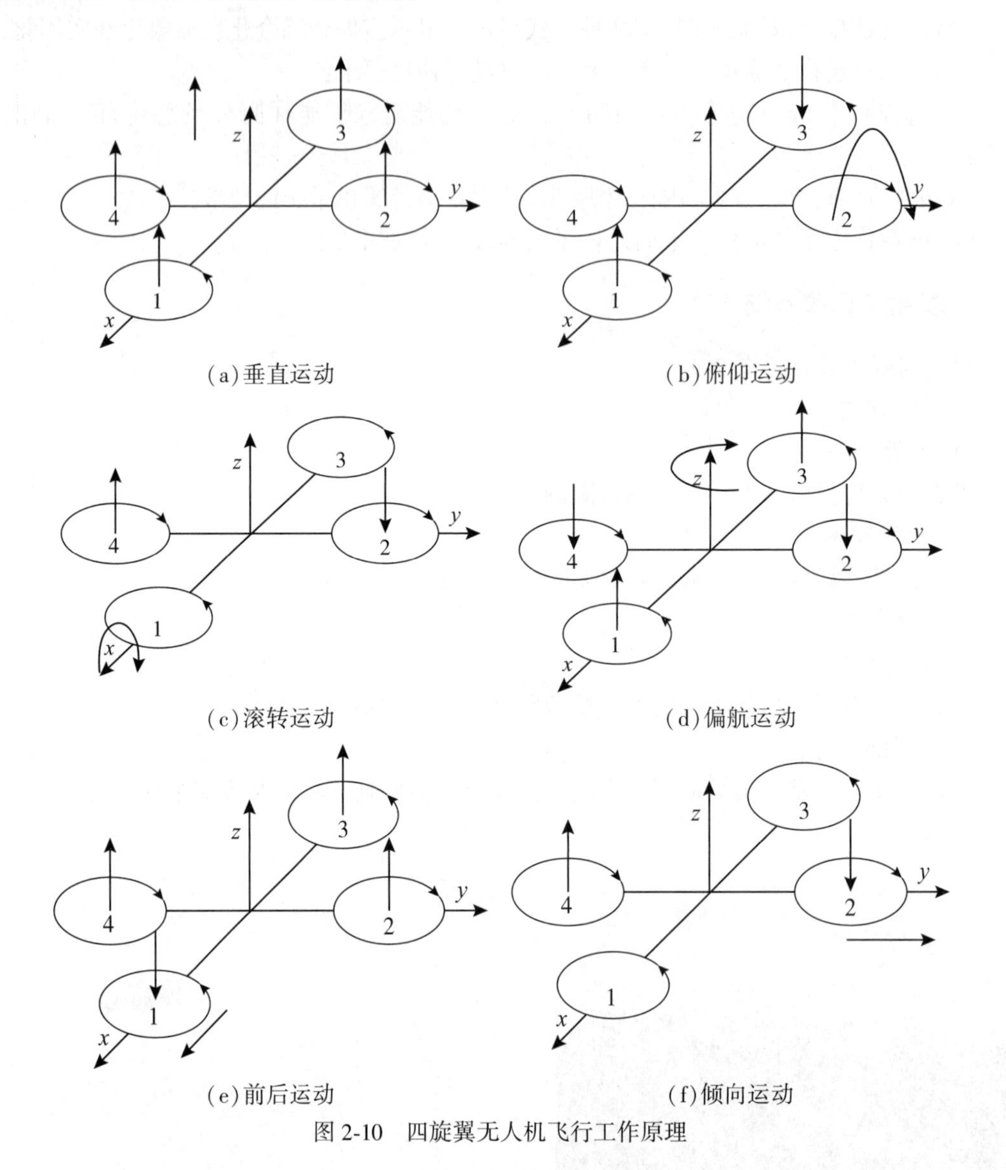

图 2-10　四旋翼无人机飞行工作原理

在图 2-10 中，电机 1 和电机 3 作逆时针旋转，电机 2 和电机 4 作顺时针旋转，规定沿 x 轴正方向运动称为向前运动，箭头在旋翼的运动平面上方表示此电机转速提高，在下方表示此电机转速下降。

(1)垂直运动：同时增加四个电机的输出功率，旋翼转速增加使得总的拉力增大，当总拉力足以克服整机的重量时，四旋翼飞行器便离地垂直上升；反之，同时减小四个电机的输出功率，四旋翼飞行器则垂直下降，直至平衡落地，实现了沿 z 轴的垂直运动。当外界扰动量为零时，在旋翼产生的升力等于飞行器的自重时，飞行器便保持悬停状态。

(2)俯仰运动：在图 2-10(b)中，电机 1 的转速上升，电机 3 的转速下降(改变量大小应相等)，电机 2、电机 4 的转速保持不变。由于旋翼 1 的升力上升，旋翼 3 的升力下降，产生的不平衡力矩使机身绕 y 轴旋转；同理，当电机 1 的转速下降，电机 3 的转速上升，机身便绕 y 轴向另一个方向旋转，实现飞行器的俯仰运动。

(3)滚转运动：与图 2-10(b)的原理相同，在图 2-10(c)中，改变电机 2 和电机 4 的转速，保持电机 1 和电机 3 的转速不变，则可使机身绕 x 轴旋转(正向和反向)，实现飞行器的滚转运动。

(4)偏航运动：旋翼转动过程中由于空气阻力的作用会形成与转动方向相反的反扭矩，为了克服反扭矩影响，可使四个旋翼中的两个正转，两个反转，且对角线上的各个旋翼转动方向相同。反扭矩的大小与旋翼转速有关，当四个电机转速相同时，四个旋翼产生的反扭矩相互平衡，四旋翼飞行器不发生转动；当四个电机转速不完全相同时，不平衡的反扭矩会引起四旋翼飞行器转动。在图 2-10(d)中，当电机 1 和电机 3 的转速上升，电机 2 和电机 4 的转速下降时，旋翼 1 和旋翼 3 对机身的反扭矩大于旋翼 2 和旋翼 4 对机身的反扭矩，机身便在富余反扭矩的作用下绕 z 轴转动，实现飞行器的偏航运动，转向与电机 1、电机 3 的转向相反。

(5)前后运动：要想实现飞行器在水平面内前后、左右运动，必须在水平面内对飞行器施加一定的力。在图 2-10(e)中，增加电机 3 的转速，使拉力增大，相应减小电机 1 的转速，使拉力减小，同时保持其他两个电机转速不变，反扭矩仍然要保持平衡。按图 2-10(b)的理论，飞行器首先发生一定程度的倾斜，从而使旋翼拉力产生水平分量，因此可以实现飞行器的前飞运动。向后飞行与向前飞行正好相反。(在图 2-10(b)、2-10(c)中，飞行器在产生俯仰、翻滚运动的同时也会产生沿 x 轴、y 轴的水平运动。)

(6)倾向运动：在图 2-10(f)中，由于结构对称，所以倾向飞行的工作原理与前后运动完全一样。

通过配合使用这些动作，可以让旋翼无人机在真实空间里飞行。通过气压传感器可以使旋翼无人机稳定在当前的高度。

旋翼无人机是依靠旋翼的相反旋转相互抵消旋转扭矩来保证飞行器机身不会旋转，这和单旋翼的直升机有所区别，单旋翼机是依靠尾部附带的旋翼来抵消主旋翼的扭矩，它不产生爬升力，但消耗了不少能量。所以，四旋翼无人机有很高的能量利用率。

2.1.5　无人机低空遥感的特点

与航空摄影测量相比较，无人机的低空遥感可以快速、实时获取研究区域的高分辨率数字影像，为构建 3D 数字城市、环境监测、灾害监测、地理国情普查及应急指挥需求等方面，提供了一种新的技术保障。

1. 无人机低空遥感与航空摄影测量相比的优势

(1)影像获取快捷方便；
(2)低成本；
(3)具有机动性、灵活性和安全性；
(4)分辨率高、多角度(视角)；
(5)影像获取时效性强。

2. 无人机低空摄影测量与遥感的缺点

(1)姿态稳定性差、旋偏角大；

(2)像幅小、数量多、基高比小；

(3)非专业量测型相机，影像畸变大。

根据上述无人机低空摄影测量与遥感的特点，在影像获取以及处理方面，都要有相对应的措施。

2.2 无人机低空倾斜摄影测量系统

2.2.1 无人机低空倾斜摄影测量系统组成

根据目前倾斜摄影测量的用途，无人机低空倾斜摄影测量系统由倾斜摄影系统、影像处理系统和数据采集系统组成。

1. 倾斜摄影系统

倾斜摄影系统主要包括航飞平台、摄影相机、飞行控制、起飞与着陆等部分。对于以测绘为目的的倾斜摄影系统最重要的是航飞平台和摄影相机。

1)航飞平台

(1)航飞平台的主要类型及特点。

①电动多旋翼无人机：以四、六旋翼和八旋翼无人机为主(图2-11(a))，起飞重量一般小于7kg；

②轻型电动固定翼无人机：起飞重量一般为5~10kg，手抛，弹射起飞，滑降或伞降，如图2-11(b)所示；

③轻型垂直起降固定翼无人机：起飞重量一般小于15kg，如图2-11(c)所示。

(a)四旋翼无人机

(b)弹射式固定翼无人机

(c)垂直起降固定翼无人机

图2-11　航飞平台无人机类型

多旋翼无人机的优点是起飞重量轻、对起降场地要求低、飞行速度可控(一般小于10m/s)、可低空飞行、操作维护相对简单等；缺点是续航时间短(15~30min)、有效负载低(1~2kg)。

电动固定翼无人机的续航时间一般在 1 小时左右，但有效负载低(1kg 左右)，飞行速度快(20m/s 左右)。

垂直起降固定翼无人机起飞重量较大，续航时间一般在 1~1.5 小时；飞行速度快(20m/s 左右)。

(2)无人机的主要参数。

对于倾斜摄影的无人机选择，主要考虑载荷、续航、自重、维修、运输、成本、经济效益、抗风等因素。

①载荷：固定式五镜头重量一般在 1.5~2.5kg，双相机三相位摆动式一般在 1.0~1.5kg，因此选择无人机进行倾斜摄影，有效载荷应大于 1.5kg。

②旋翼数量：倾斜一般都在建筑物相对密集、人员活动相对较多的测区，故对飞机的安全性要求也很高。建议选择六旋翼或者八旋翼。

③续航要求：目前多旋翼无人机一般续航时间在 30~50min，有效作业续航时间在 20~40min。如追求续航时间，就要增加电池，会导致机身自重加大，尺寸加大，会对运输和安全也有影响，意义不大，提高单位时间飞行作业效率即可。

④飞机自身重量：由于多旋翼无人机续航时间有限，为了利用其有效航程，合理设置起降点，飞机起飞重量一般控制在 10kg 以内，最好在 7kg 以内。

⑤便携性：运输无人机一般采用运动型实用汽车或微型面包车，故要方便快速折叠或拆装，且考虑尽可能一辆车可以多载几架无人机。

⑥飞行速度：原则上，为了减少相机曝光时因无人机运动产生的像点位移，曝光周期内快门速度越快越好，无人机的飞行速度越低越好。但一般相机快门速度不超过1/2000s，而为了保证作业效率，飞机速度也不能太慢。综合考虑，无人机最大飞行速度一般在 5~10m/s。

油动或混合动力的固定翼无人机，虽然续航时间长，有效负载大，但飞机重，保养维护要求高；相对于多旋翼无人机，性价比低，且出事故后的危险性较高，并不适合以低空、低速、密集短航线为特点的倾斜摄影。

(3)无人机的选择。

①对于影像地面分辨率(GSD)在 2cm/px 左右的倾斜摄影，只能使用多旋翼无人机，飞行高度 100~200m，相机快门速度优于 1/1250s。这样才能保证三维模型的精度在 5cm 左右，满足航测项目对三维模型的精度要求，满足 1∶500 成图比例尺的精度要求。

②对于影像地面分辨率在 5cm/px 左右的倾斜摄影，可使用电动或垂直起降固定翼无人机，飞行高度 300~500m，相机快门速度优于 1/1600s。这样三维模型的精度在 20cm 左右，满足航测项目 1∶2000 成图比例尺的精度要求。

③大范围作业建模建议采用固定翼无人机，影像地面分辨率可以达到 2.5cm 左右。

④小范围精细建模大比例尺(1∶500)地形图测量，建议采用旋翼无人机航飞建模，航高控制在 100m 以下，飞行线路安全可控，镜头可选 1.2 亿像素或者 1.8 亿像素，地面分辨率可达到 1.5cm 左右。

2)摄影相机

(1)相机类型与特点。

摄影相机从专业类型上分为测量型相机和非测量型相机，镜头数量可以是单个镜头、两个镜头或五个镜头。DMC类型的专业航测相机大多为中、长焦距，分辨率在1亿像素以上，价格较高，多在30万~100万元，适用于1000m航高以上、大面积的竖直航摄。五镜头倾斜摄影相机，单个镜头分辨率大多为2400万像素，焦距较短，价格多在10万~20万元，适用于无人机低空摄影。非测量型相机通常为微单(单反)类型，焦距35mm，分辨率达到4000万以上，价格2万元左右，可通过云台控制单镜头或两镜头摇摆模拟五镜头效果。

倾斜摄影可以采用单镜头、两镜头或五镜头，如图2-12所示，主要取决于成本费用和飞机类型。

一台微单相机(含镜头)的重量通常在0.5kg左右，一台单反相机(含镜头)的重量通常在1kg以上，而一套五镜头相机的重量一般都超过2kg。因为对无人机来说，负载越大，续航时间越短，负载大，也需要使用更大的飞机，成本也越贵。

单镜头相机的重量相对较轻，倾斜摄影时选择的无人机种类多一些；相反五镜头相机的重量较大，选择的机型要少一些，成本也贵一些。

(a)摇摆式单镜头非测量相机

(b)双镜头倾斜相机

(c)五镜头倾斜相机

图2-12　摄影相机类型

(2)相机倾斜角度。

倾斜相机的倾斜角度到底选多少，与倾斜相机的幅面、镜头焦距、传感器数量有关。从模型效果来说，只要相机的倾斜角度在25°~45°，三维建模软件就可以较好地恢复模型的纹理。

目前，市场上多数五相机倾斜摄影系统的相机倾斜角度是45°。即前视、后视、左视和右视均为45°，下视0°，少数几款倾斜摄影系统的前、后、左、右相机的倾斜角度在35°左右。

双相机三相位摆动式倾斜摄影系统的相机倾斜角度一般在30°，即左、右相机各倾斜30°朝向两侧放置，前后摆动30°左右。双相机三相位摆动式倾斜摄影系统在一个曝光周期(后视—下视—前视)内，可获取六张朝向不同的照片。

对于单个镜头的相机，采用五相位摆动，即下视—前视—右视—后视—左视顺时针方向摆动，由云台控制，每隔1~1.2s摆动一次。快门可设为1/1000~1/1250s。

(3)相机焦距。

用于无人机倾斜摄影，一般使用微单(单反)固定焦距镜头，焦距一般在30~50mm，以减少和控制影像的变形。依据实际项目经验，倾斜摄影系统一般使用35mm或50mm焦距的镜头，不宜采用变焦镜头和超广角镜头。

焦距的选择原则：

①平坦地区：选择短焦距物镜，可以提高基高比，提高立体量测精度。

②山区摄影时最好选择稍长的焦距，减少摄影死角的影响，减少像片的数量，改善立体观测条件；同时也使得地形起伏引起的投影差最小。

③为了保证倾斜影像的GSD，有些五相机倾斜摄影系统的下视相机和倾斜相机使用了不同焦距的镜头组合：如下视相机使用35mm焦距的镜头、倾斜相机使用50mm焦距的镜头。

④在像元尺寸和影像GSD不变的情况下，飞机的航高随着镜头焦距的增加而增大。为了保证飞行安全和每张像片都有足够的成像范围，飞机距飞行区域内最高点(建筑物、树木、山顶等)的相对高度不少于50m，如建筑物高度超过100m，为保障飞行安全的影像地面GSD，应使用较长焦距的镜头。

(4)快门速度。

对倾斜摄影而言，相机快门速度的快慢主要影响像点位移的大小。由于无人机倾斜摄影系统一般不具备像移补偿装置，故无人机飞行速度越快，快门速度越低。影像的位移值越大，影像的清晰度就会降低，三维模型建模的精度就越不好。

故为了保证影像的清晰度，需要将像点位移值限制在一定范围内。

$$像点位移值=飞行速度\times曝光时间 \tag{2-1}$$

从上述公式可知：飞行速度越快、曝光时间越长(快门速度越低)，像点位移量越大。要减少像点位移值，就要降低飞行速度、缩短曝光时间(提高快门速度)。

因此仅就减少像点位移值而言，无人机的飞行速度越低越好，相机的快门速度越快越好，这样影像清晰度越高，后期三维模型的精细程度也越好。但为了保证一定的飞行效率和曝光量，就需要在飞行速度和快门速度间找到一个平衡点。

依据实际项目经验，为了保证模型效果：

①像点位移值的限差应小于影像地面分辨率的25%。

②为了控制像点位移量，一般无人机快门速度不低于1/1200s。

③倾斜摄影尽量在光照度较好的情况下进行，如时间在10—14点，薄云晴天等。

(5)连续曝光周期。

连续曝光周期是指倾斜摄影系统可以连续曝光的最短时间间隔。

由于倾斜摄影的航向重叠度一般要达到80%，航向相邻曝光点的间距较小，曝光时间间隔较短，这就要求倾斜摄影系统必须具备长时间连续快速曝光的能力。

就高档消费级相机而言，其连续曝光的周期一般都小于1s，基本满足倾斜摄影系统对连续曝光周期的需求。

目前部分使用微单或单反相机重新进行改装的倾斜摄影系统，为了减轻重量和简化操作，对相机结构进行了减重改装，并采取了集中数据存储的模式。系统的最小曝光周期(连续曝光周期)有所延长，在进行高分辨率倾斜摄影时难以保证航向重叠度80%的要求。

3)飞行控制

飞行控制系统是地面与无人机之间的通信系统，实时传送无人机和遥感设备的状态参数，实现对无人机航测系统的实时控制，供地面人员掌握无人机和遥感设备信息，并储存所有指令信息便于随时调用复查。通信系统主要由计算机、电台、天线、操控器、电池及飞控软件等组成，如图 2-13 所示。随着科学技术的进步和无人机技术越来越完善，地面飞行控制系统设计得越来越简单、方便，一些无人机地面站可以用智能手机或平板电脑来代替计算机作业。

考虑到作业不同地形的实际需要，建议通信距离不小于 5000m 为宜。

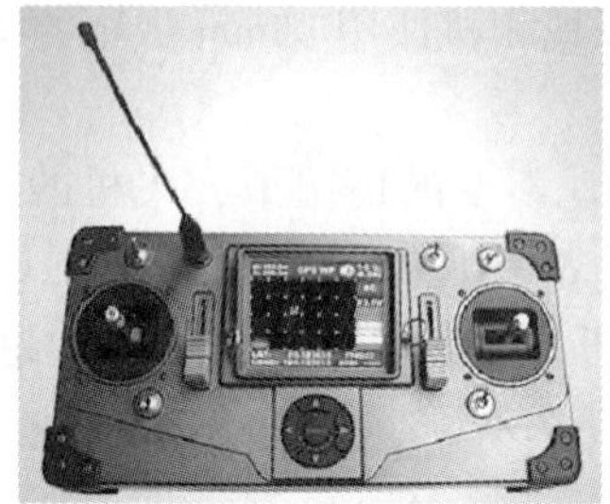
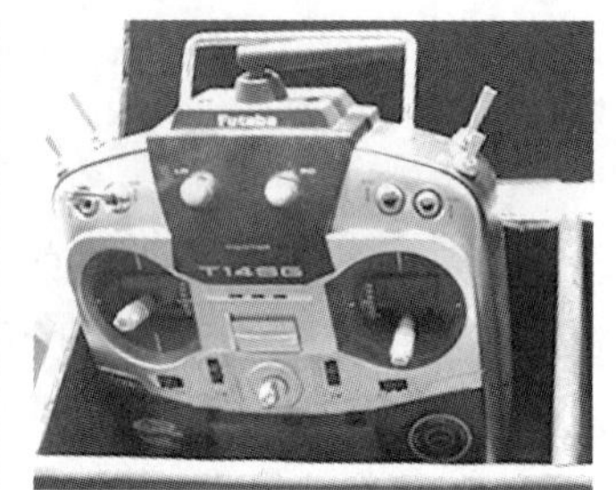

图 2-13　地面与无人机通信设备

2. 影像处理系统

无人机飞行作业完成后获取的任务荷载原始影像数据和 POS 数据(飞机姿态数据)想要转化成我们所需要的数据产品，就需要经过影像处理系统处理后才能得到。影像处理系统生产的测量数据产品包括密集点云数据、DOM、DSM、实景三维模型等。

无人机倾斜摄影三维模型生产的工作过程如图 2-14 所示。

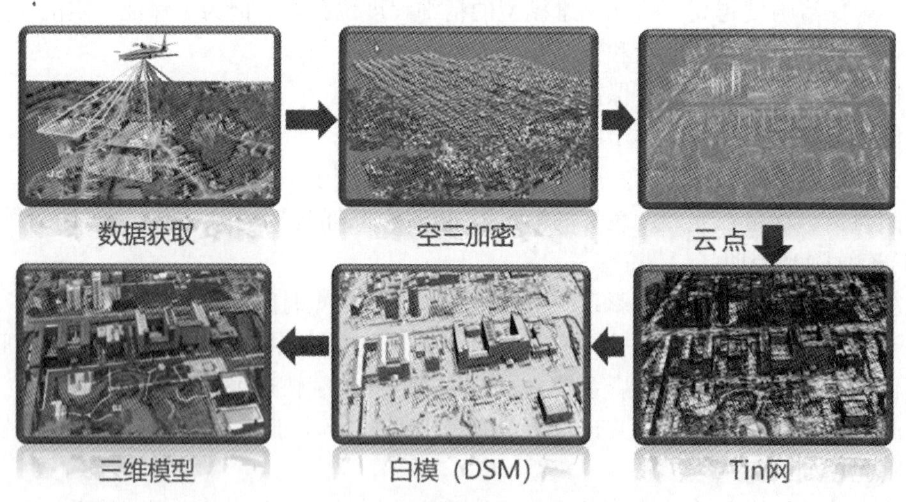

图 2-14　三维模型生产工作过程

目前，用得最多最广的国外倾斜摄影测量三维建模影像处理软件是美国 Bentley 公司的 ContextCapture，其次是瑞士 PX4D 公司的 Pix4Dmapper，俄罗斯 Agisoft 公司的 Metashape，德国的 Inpho，以色列 Skyline 公司的 PhotoMesh 等。其中 Pix4Dmapper、Metashape、Inpho 多用于正射模型和地表模型处理，ContextCapture 和 PhotoMesh 多用于三维模型处理，三维模型成果下也可得出正射模型和地表模型。

国内的影像处理软件有中国工程院院士张祖勋提出并指导研制出的新一代数字摄影测量网格处理系统 DPGrid，上海瞰景开发的 Smart 3D 实景三维建模软件，深圳大疆创新科技有限公司推出的大疆智图。此外，还有武汉立得空间信息技术股份有限公司的 Leador AMMS、武汉天际航信息科技有限公司的 DP Modeler、武汉航天远景公司的 Virtuoso3D、香港科技大学的 Altizure 等一批建模软件。

3. 数据采集系统

传统的垂直摄影测量测绘地形图是采用地面立体测量方法，在专用计算机上通过软件对立体像对进行要素采集，获得我们所需要的地形图。这种作业方法对作业员的业务素质要求相对较高，而且长期佩戴立体眼镜对视力损害较大。如图 2-15 所示。

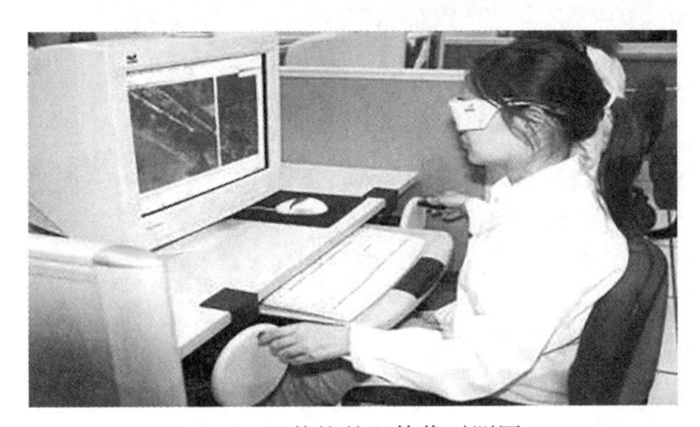

图 2-15　传统的立体像对测图

无人机航测与传统测绘测量技术的改革在于测量方式的不同。进行无人机航测无须再进行人力现场实地测量，而是通过使用数据采集软件在无人机倾斜摄影数据三维建模成果上直接进行测量，其作业过程就像全站仪或 GNSS 全野外数字测图过程一样。这种作业方法不需要专用计算机，也不需要佩戴立体眼镜，是目前生产地形图的新的方法。目前这种方法广泛应用于房地一体、地形地貌、道路交通、城乡规划、灾害防治等生产项目中。

在三维模型立体数据采集方面，由于我国地形图的生产标准与欧美不同，我国自行研制的三维模型立体数据采集软件主要有：

(1)北京山维科技股份有限公司基于 EPS 地理信息工作站研发的倾斜摄影三维测图(图 2-16)；

(2)广州南方测绘公司基于 CASS 采集平台开发的 CASS 3D 倾斜摄影三维测图(图 2-17)；

(3)武汉天际航信息科技有限公司开发的 DPMapper 倾斜摄影三维测图；

(4)武汉航天远景公司开发的 MapMatrix3D 倾斜摄影三维测图。

为了推动国产无人机技术的研究和应用，2014 年 6 月在北京，国家测绘地理信息局经济技术科学研究所、辽宁省地理信息院、国家测绘地理信息局第一航测遥感院、国家测绘地理信息局第二航测遥感院、国家测绘地理信息局第三航测遥感院、北京红鹏天绘科技有限责任公司、四维数创(北京)科技有限公司、武汉天际航信息科技有限公司、北京超图软件股份有限公司、武汉立得空间信息技术股份有限公司作为发起单位成立了倾斜摄影技术联盟，并在现场举行了签字仪式，会后又召开了联盟的第一次筹备会议。该联盟将致力于打造和完善倾斜摄影三维建模生态产业链，促进产业的良性发展，实现多方的合作共赢。

图 2-16　北京山维 EPS 三维测图软件界面

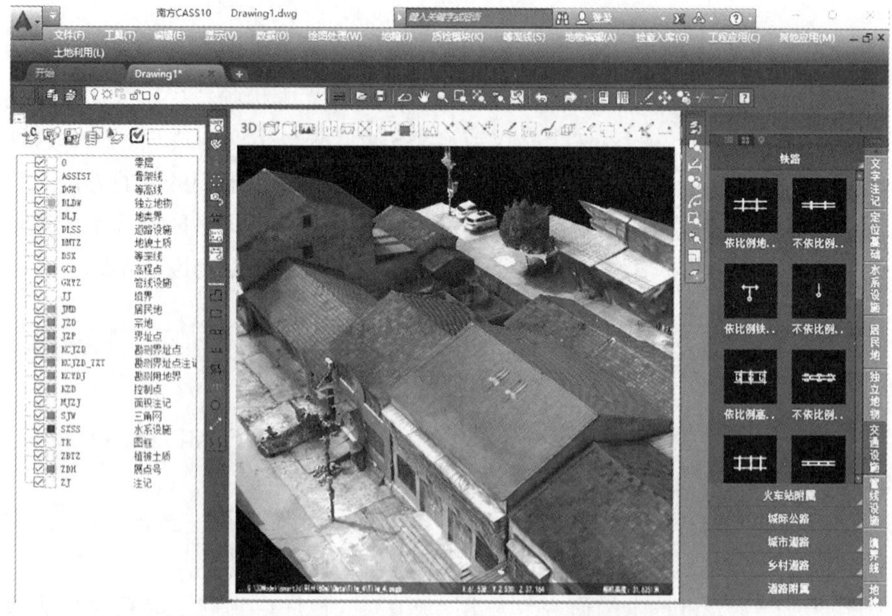

图 2-17　广州南方测绘公司 CASS 3D 三维测图软件界面

2.2.2　倾斜摄影数据文件

每个架次飞行结束后，工作人员应即时导出相机存储卡中的数据文件，并按一定的格式要求保存到计算机硬盘中。

(1)影像数据文件。影像数据文件是无人机摄影的结果文件，数量多，内存占用量大。对于测量型相机而言，像片曝光瞬间的位置数据自动记录在像片中(带 RTK 功能)。

图 2-18 显示的是某像片属性结构中存储的像片曝光瞬间的位置(经纬度格式)。

图 2-18　像片中记录的位置数据

(2)POS(Positioning and Orientation System)文件。对于具有惯导的无人机摄影系统，同时还生成一个与像片号对应的 POS 文件。该文件不仅记录了像片曝光瞬间的位置数据，还记录有无人机在空中的姿态数据。

文件中，GPS 定位数据用 X，Y，Z 表示，姿态定位系统主要记录相机在曝光瞬间时的姿态，通常用三个角元素 φ、ω、κ 表示。

图 2-19 显示某架次结束后的 POS 文件。

pos123.txt - 记事本

文件(F)　编辑(E)　格式(O)　查看(V)　帮助(H)

Cameras (64)

PhotoID, X, Y, Z, Omega, Phi, Kappa

100_0185_0001	508290.4706366077900000	3600073.4968035193000000	319.7720271728480300	-1.2117806304577214	0.0471556356394836
100_0185_0002	508300.1261709116500000	3600084.3672898058000000	319.7944439275475500	-1.0402990929333347	-0.0725718659040056
100_0185_0003	508314.9701672813400000	3600101.3325198917000000	319.8815476827609200	-0.9737520661579516	-0.1139315194364149
100_0185_0004	508329.0090907999500000	3600117.6639910685000000	319.8567052211340600	-0.9414451193976149	-0.1734264232459230
100_0185_0005	508343.1245953093700000	3600133.8804555954000000	319.8071092678965800	-0.8991858482095824	-0.2163268137816608
100_0185_0006	508357.4258106575600000	3600150.1248628758000000	319.8050612471972700	-0.8772709546787226	-0.2800398835713721
100_0185_0007	508371.9160449882000000	3600166.4860063922000000	319.8514267205173400	-0.8333713247325372	-0.3765733597456533
100_0185_0008	508386.1190076629900000	3600182.6956460616000000	319.8303459354281700	-0.8461015720974960	-0.4055530337313799
100_0185_0009	508400.5092954117000000	3600199.0222517159000000	319.8360885605404700	-0.8431770896020134	-0.4345856582300354
100_0185_0010	508414.7214209309900000	3600215.2427722057000000	319.8243711622694100	-0.8190349265208626	-0.4283836166818938
100_0185_0011	508428.6071885501700000	3600231.1660441072000000	319.9178584268981400	-0.8312054795798937	-0.4486940115846281
100_0185_0012	508426.2749086665000000	3600240.5277953306000000	319.7115429123377900	-0.2969266496121853	-1.1499488870792913
100_0185_0013	508416.5600704343500000	3600260.6243732483000000	319.8471401299949500	-0.1543105162637277	-1.1400967567194535
100_0185_0014	508407.5063163883800000	3600278.6127124857000000	319.9137383651907400	-0.1114685963277951	-1.1184661028006491
100_0185_0015	508401.8831655063500000	3600275.1619224134000000	319.8575098862007200	1.0410717326878567	-0.1088061627678164
100_0185_0016	508387.1900198205300000	3600258.5587089434000000	319.8718804731200300	0.9745641419913653	0.0270653860000092
100_0185_0017	508372.9140313603600000	3600242.2568153655000000	319.8681158566096800	0.9494147404493216	0.0964796089843752
100_0185_0018	508358.7727592905900000	3600226.0764218085000000	319.8499559777639500	0.9176892497630398	0.1661346461354492
100_0185_0019	508344.4115382802600000	3600209.7665262842000000	319.8482832364549600	0.9009192165161236	0.2415034829151874

图 2-19　POS 数据文件结构示例

对于影像处理软件而言，例如Inpho，当提供了较为精确的POS数据文件后，连接点的匹配及空三处理速度明显加快。不过对于非测量型相机，即使没有POS数据文件，也没有像片的位置数据，对于像ContextCapture、PhotoMesh、Metashape等软件都可以进行生产。

需要注意的是，获得数据之后，还需要现场对获取的影像进行逐一检查。对于不合格的测区需要补飞，重新拍摄，直至拍摄的影像能够满足质量要求。在检查完成之后，需要对合格的影像进行匀光匀色的处理。由于在飞行的过程中存在光照角度、空间上的不一致，影像之间会存在差异，因此需要对有差异的影像进行处理，直至符合要求。

2.2.3　倾斜摄影测量影像处理特点

倾斜摄影测量影像处理的关键包括：非量测相机的高精度检测、影像预处理、区域网联合平差、多视影像匹配、DSM生成、真正射纠正、三维建模等关键内容。

1)非量测相机高精度检测

无人机在拍摄影像之后，影像的数量较多且像幅小，因此需要依据影像的特点及相机定标参数、拍摄姿态数据以及有关几何模型对影像进行几何校正。

2)多视影像联合平差

多视影像包括垂直摄影影像和倾斜摄影影像。在处理摄影影像的过程中，部分空中三角测量系统无法较好地完成，因此需要多幅影像联合平差处理方法来处理倾斜影像。在多视影像联合平差过程中，需要注意以下几个方面：

(1)影像间的几何变形和遮挡关系；

(2)结合定位定向系统(Positioning and Orientation System，POS)提供的多视影像外方位元素，结合金字塔影像匹配策略，在每级影像上进行同名点自动匹配和联合平差，得到较好的同名点匹配结果。

(3)建立误差方程式时，将连接点、控制点坐标、GPS/IMU辅助数据等数据，与多视影像自检校区域网平差的误差方程，进行联合解算，以获取高精度的平差结果。

3)多视影像密集匹配

多视影像匹配是数字摄影测量的核心技术之一，基于多视影像的特点，多视影像匹配相较于传统的单一立体影像匹配有诸多优点：

(1)在多视影像中，由于数量较多，因此可以利用影像中的冗余信息，来对所拍摄地物中的错误匹配进行改正；

(2)可以利用多视影像中的信息，尽可能地对盲区的地物特征进行补充。

4)数字表面模型生成

利用多视影像密集匹配方法能够生成高精度、高分辨率的数字表面模型(DSM)，该模型能够表达地形的起伏变化。这一技术已经成为新一代研究空间数据基础设施的重点研究对象。但由于多角度倾斜影像之间存在差异(角度、色差、高度等引起的差异)，且影像中会存在较严重的阴影和遮挡问题，因此使得DSM利用倾斜影像自动获取成为新的难点。为了解决这一问题，可以先依据自动空中三角测量计算出各个影像的外方位元素，继而选择合适的影像匹配单元与之前计算出来的外方位元素进行特征匹配和像素级的密集匹配，并引入并行算法，提高计算效率。

5）真正射影像纠正

多视影像真正射影像纠正涉及物方和像方这两个概念，其中物方为连续的数字高程模型（DEM）和大量离散分布且粒度差异很大的地物对象；像方为海量的多角度影像，因此在进行多视影像真正射影像纠正的过程中，物方和像方同时进行。前面生成的DSM模型中，顾及了地物的几何特征和地面连续地形语义信息。利用多片拟合、房顶重建、轮廓提取等技术提取地面相关信息；然后根据多视影像信息进行边缘提取、影像分割和纹理映射等计算方法获取像方信息；最后通过联合平差以及密集匹配建立地面与像方即像点与地面点的对应关系，在纠正过程中顾及几何辐射等系统误差的因素进行联合纠正，最后获得正射影像。

6）3D建模

将之前无人机获取的倾斜摄影影像经过影像处理之后，利用测绘建模软件可以生成倾斜摄影三维模型。生成的模型有两种，分别为单体对象化的模型以及非单体对象化的模型。

单体对象化的模型是基于倾斜摄影影像中的丰富数据，结合现有的三维线框模型，利用纹理映射的方法生成三维模型。基于这种方法生成的模型是对象化的模型，模型中单独的建筑物可以进行独立的修改、替换或删除，其纹理也可以利用软件进行替换。

非单体对象化的模型，也称倾斜模型。该模型是基于全自动化的方式生成的，能够在短时间之内以较少的人力获得模型。在获得倾斜摄影影像，对数据进行处理之后，将数据导入专业建模软件即可通过软件获得地物的三维模型。基于这种方法生成模型之前，对数据处理的方式比较复杂，需要对数据进行匀色匀光处理，并经过多视角的几何校正和联合平差的处理方法。将处理完成的影像数据转换成超高密集点云，由此来创建TIN模型，并用该模型生成基于该影像纹理的高分辨率的倾斜摄影模型，由高分辨率和超高密集点云生成的三维模型符合倾斜影像的测绘级精度。

2.3 无人机低空倾斜摄影优缺点

2.3.1 无人机摄影的优点

相对于传统的航天和航空摄影测量而言，基于无人机的低空摄影测量为危险区域图像的实时获取、环境监测、地理国情监测及应急指挥需求等提供了一种新的技术途径，具有广阔的发展与应用前景。除了携带运输方便、组装简单、工作效率高、不必申请空域飞行手续等优势外，还具有如下优势。

1. 影像获取快捷方便

无需专业航测设备，普通民用单反相机即可作为影像获取的传感器，操控手经过短期培训学习即可操控整个系统。

2. 低成本

UAV 系统及传感器成本远远低于其他遥感系统，无人机(具备飞控系统)的市场价格为 3 万元到 100 万元，各种档次都有，而相机整套(机身加镜头)不到 2 万元，整套系统成本低廉。一般的单位和个人都有能力负担。

3. 具有机动性、灵活性和安全性

无需专用起降场地，升空准备时间短、容易操控，特别适合应用在建筑物密集的城市地区和地形复杂地区以及南方丘陵、多云区域。

4. 能够在特殊环境下工作

能够在危险和恶劣环境下(如森林火灾、火山爆发等)直接获取影像，即便是设备出现故障，发生坠机也无人身伤害。

5. 受气候条件影响小

只要不下雨、下雪并且空中风速小于 6 级，即使是光照不足的阴天，无人机也可上天航拍。

6. 分辨率高、多角度(视角)

由于是低航空摄影，一般在云下飞行，使用 CCD 数码相机作为传感器，具备垂直与倾斜摄影能力，搭载 GPS 定位装置，可低空多角度摄影获取建筑物侧面的纹理信息，弥补了卫星遥感和普通航空摄影遇到的高层建筑遮挡问题。

空间分辨率能达到分米甚至厘米级，可用于构建高精度数字地面模型及三维立体景观图的制作。

7. 影像获取周期短、时效性强

无人机遥感几乎不受场地和天气影响，飞行前准备工作可少于 2 小时，因此可快速上天获取满足要求的遥感影像，从准备航飞到获取影像周期短，影像获取后可立即处理得到航测成果，时效性强。

2.3.2　无人机摄影的缺点

无人机低空遥感系统凭借着众多的优势，在图像的实时获取、环境监测、地理国情监测及应急指挥需求、土地利用动态监测、地质环境与灾害勘察、地籍测量、地图更新等领域得到充分的应用，但是，与传统的航天和航空影像相比，无人机遥感影像又存在以下问题。

1. 姿态稳定性差、旋偏角大

无人机在飞行时由飞控系统自动控制或操控手远程遥控控制，由于自身质量小，惯性

小，受气流影响大，俯仰角、侧滚角和旋偏角较传统航测来说变化快，致使影像的倾角过大且倾斜方向没有规律，幅度远超传统航测规范要求。

2. 像幅小、数量多、基高比小

受顺风、逆风和侧风影响大，加上俯仰角和侧滚角的影响，航带的排列不整齐，主要表现在重叠度(包括航向和旁向重叠度)的变化幅度大，甚至可能出现漏拍的情况。为了保证测区没有漏拍，通常是通过提高航向和旁向重叠度的方法来实现这一点，同时普通单反相机像幅相对专业数码航摄仪来说，像幅小，在保证预定重叠度情况下，整个测区影像数量成倍数增多，基高比也相应变小。

3. 影像畸变大

相比较传统的航空摄影而言，无人机低航空摄影选取 CCD 数码相机作为成像系统。而较专业航摄仪来说，小数码影像(普通单反拍摄的)畸变大，边缘地方畸变可达 40 个像素以上。

由于无人机遥感影像的这些问题，给影像的匹配和空中三角测量等内业处理也带来困难：

(1)由于姿态稳定性差、旋偏角大，比例尺差异大，降低了灰度匹配的成功率和可靠性；

(2)像幅小、影像数量多，导致空三加密的工作量增多、效率降低，航向重叠度和旁向重叠度不规则，给连接点的提取和布设带来困难，基高比小无疑对高程的精度也造成一定的影响；

(3)如若对于小数码影像的畸变差不考虑，直接使用将影响空三加密的精度。

习题与思考题

1. 无人机的分类有哪些？分别是什么？
2. 无人机系统组成主要包括哪些部分？
3. 无人机飞行控制系统主要包括哪些部件？它的作用是什么？
4. 无人机低空测绘的优缺点有哪些？
5. 倾斜摄影系统组成主要包括哪些部分？
6. 倾斜摄影系统航飞平台的主要类型及特点有哪些？
7. 对于利用无人机进行倾斜摄影，选用相机时其焦距的选择原则有哪些？
8. 什么是 POS？POS 有什么作用？
9. 目前，常用的一些国内外处理倾斜摄影的影像处理软件有哪些？
10. 在三维模型立体数据采集方面，国内的三维模型立体数据采集软件主要有哪些？
11. 倾斜摄影测量影像处理特点有哪些？倾斜摄影测量影像处理关键包括哪些内容？

第 3 章　摄影测量基础知识

无人机倾斜摄影测量技术通过搭载多个相机获取研究对象不同角度的数字影像，实现大比例尺地形图的测绘、三维建模等工作，其核心理论是在传统摄影测量作业理论上发展的多基线摄影测量。因此，了解并掌握摄影测量基础知识是非常必要的。

3.1　航空摄影

3.1.1　相机参数

1. 物镜构像公式

在图 3-1 中，物方主平面 H 到物点 A 的距离 D 称为物距；像方主平面 H' 到像点 a 的距离 d 称为像距。若物镜的焦距为 f，则

$$\frac{1}{D}+\frac{1}{d}=\frac{1}{f} \tag{3-1}$$

式(3-1)称为物镜构像公式。式(3-1)表示一个物点发出的所有投射光线，经理想物镜后所有对应的折射光线仍然会聚于一个像点上，则这个像点是清晰的。

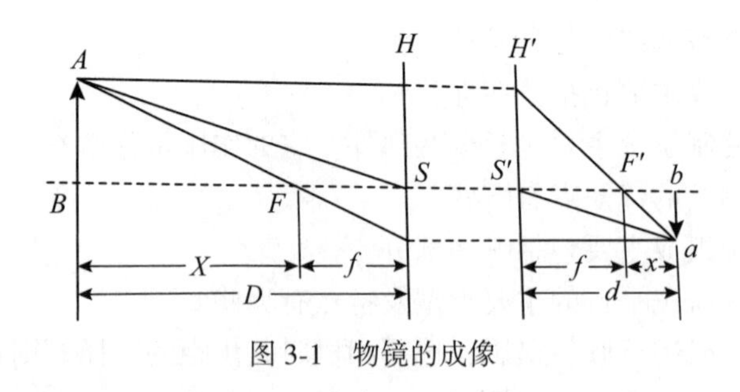

图 3-1　物镜的成像

2. 物镜的像场、像场角

光线通过物镜后在像平面上的光照是不均匀的，照度由中央向边缘递减。若将物镜对光于无穷远，在焦面上会看到一个照度不均匀的明亮圆。这样一个直径为 ab 的明亮圆的范围称为视场，如图 3-2 所示。物镜的像方主点与视场直径 ab 所张的角 2α，称为视场角，在视场面积内能获得清晰影像的区域称为像场，如图 3-2 中以 cd 为直径的圆。而物镜像

方主点与像场直径 cd 所张的角 2β 称为像场角。为了能获得全面清晰的构像，应取像场的内接正方形或矩形为最大像幅，像幅决定着物面或物空间有多大的范围可以被物镜成像于像平面。

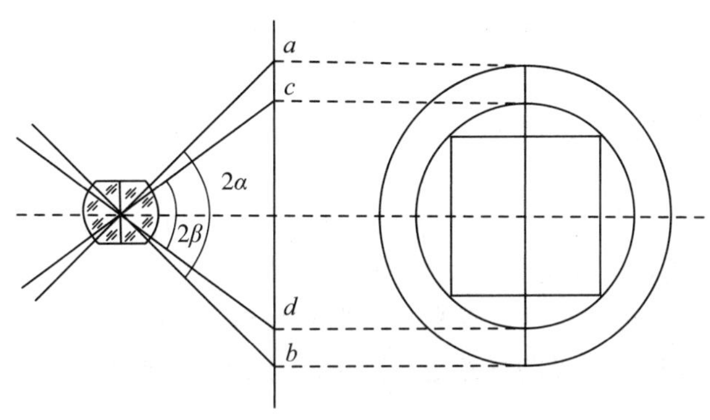

图 3-2　物镜的像场、像场角和像幅

当像幅一定时，像场角与物镜焦距有关，即焦距愈大，像场角愈小。而当物距一定时，像场角愈大，摄取的物方范围就愈大，但构像的比例尺愈小。

3. 物镜的分解力

物镜的分解力是摄影机物镜的又一重要特性，物镜的分解力是指摄影物镜对被摄物体微小细部的表达能力。分解力一般以 1mm 宽度内能清晰分辨的线条数来表示。

4. 物镜的光圈和光圈号数

光圈的作用主要是控制和调节进入物镜的光量，并且限制物镜成像质量较差的边缘部分的入射光。摄影机大多采用虹形光圈，这种光圈是由多个镰刀形黑色金属薄片组成的，中央形成一个圆孔，孔径的大小可以用光圈环调节，光圈环是一个可以改变的光栏。当光圈完全张开时，进入物镜的光通量最大，反之最小。为使用方便，人们用光圈号数来表示光圈大小的状况，光圈号数 K 是光圈有效孔径 d 与物镜焦距 f 之比的倒数（$K=f/d$），光圈号数越小，光圈光孔开启得越大，焦面上影像的亮度也越大；光圈号数越大，光圈光孔开启得越小，影像亮度也就越小。光圈号数是一组以 $\sqrt{2}$ 为公比规律排列的等比级数，如：

1.42　2.8　5.6　8　11　16　22

5. 摄影机快门

摄影机快门是控制曝光时间的机件装置，该装置是摄影机的重要部件之一。快门从打开到关闭所经历的时间称为曝光时间，或称为快门速度。常用的快门有中心快门和帘式快门。中心快门由 2~5 个金属叶片组成，中心快门位于物镜的透镜组之间，紧靠着光圈，起遮盖投射光线经物镜进入镜箱体内的作用。曝光时利用弹簧机件使快门叶片由中心向外打开，让投射光线经物镜进入镜箱体中，使感光材料曝光，到了预定的时间间隔，快门又自动关闭，终止曝光。中心快门的优点是打开快门之后，感光材料就能满幅同时感光。航空摄影机和一般普通摄影机大多采用中心快门。在摄影机物镜筒上有一个控制曝光时间的套环，上面刻有曝光时间的数据序列，如：

B　1　2　4　8　15　30　60　125　300　…　1000　…　2000

这些数值是以秒为单位的曝光时间倒数。例如，60 表示 1/60s。符号 B 是 1s 以上的短曝光标志，俗称 B 门。指标对准 B 门时，手按下快门按钮，快门就打开，手一松开按钮快门立即关闭。

摄影时只要选择适当的光圈号数和曝光时间的组合，就能得到恰当的曝光量，获得理想的影像。

根据光圈号数、曝光时间、曝光量三者之间的关系可知，如果保持原光圈号数不变而曝光时间改变一档，或者保持原曝光时间不变，而光圈号数改变一档，则曝光量将增加一倍。例如，原采用光圈号数为 5.6，曝光时间为 1/125s，可以得到正确的曝光量；若将光圈号数调至 8，仍要保持原正确的曝光量，就应将曝光时间增加至 1/60s。

6. 检影器

摄影时，不断移动镜头使其前后伸缩，改变调整像距 d 使检影器平面上的影像清晰的过程称为对光(即调焦)，该调焦的过程和取景情况可以通过检影器的部件观察到，因此检影器有时亦可以称为取景器。

7. 附加装置

为了满足摄影的需要，摄影机还有一些基本的附加装置。如自拍、闪光、拍摄计数等装置。随着科学技术的进步，摄影机已进入自动化、电子化、数字化时代，其附加装置及功能愈来愈先进，如自动曝光、自动调焦、自动闪光、自动记录拍摄日期、变焦镜头等在照相机上已较广泛使用。

实际工作中，相机光圈、快门和 ISO 的调节建议如下：

(1)快门速度范围控制在 1/2000~1/1000s；根据不同厂家的飞机飞行速度，确保照片不会被拉花。

(2)光圈大小范围建议 4~9，光圈过大，照片容易出现虚化；光圈过小，进光量不足，照片偏黑。

(3)ISO 可以选择自动，可能会出现照片明亮度偏亮，噪点较多，影响内业精度；推荐使用固定 ISO(范围 160~640)，噪点少；固定 ISO 在空中拍摄的亮度比在地面拍摄的亮度大概低一个等级，内业精度控制好。

使用固定 ISO 一定要在地面上把相机调节好，检查好照片拍照明暗度。

3.1.2　摄影参数

航空摄影获取的航摄像片是航空摄影测量成图的原始依据，其质量关系到后期作业的难易和量测的精度，因此对航空像片质量及航空摄影的飞行质量均有严格的要求。航空像片的质量主要是指影像的构像质量和几何质量。航空摄影的飞行质量主要包括以下几方面。

1. 摄影航高

摄影航高简称航高，通常用 H 表示，它是指航摄仪物镜中心 S 在摄影瞬间相对于某一基准面的高度。航高的计算是从该基准面起算，向上为正号。根据所取基准面的不同，航高可以分为相对航高和绝对航高。如图 3-3 所示。

1）相对航高 H_T

相对航高是航摄仪物镜中心 S 在摄影瞬间相对于摄影区域地面平均高程基准面的高度。

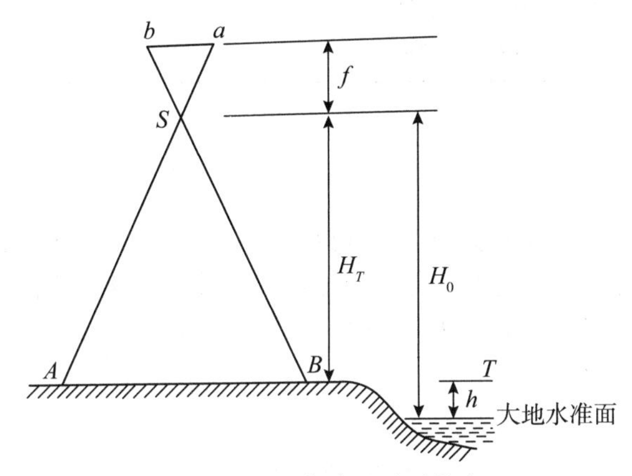

图 3-3　相对航高和绝对航高

2）绝对航高 H_0

绝对航高是航摄仪物镜中心 S 在摄影瞬间相对于大地水准面的高度。摄影区域地面平均高程 h、相对航高 H_T，与绝对航高 H_0之间的关系为

$$H_0 = H_T + h \tag{3-2}$$

2. 摄影比例尺

像片比例尺定义为像片上的线段 l 与地面上相应水平线段 L 之比，见式(3-3)。

$$\frac{1}{m} = \frac{l}{L} = \frac{f}{H} \tag{3-3}$$

式(3-3)中，H 为相对航高，即相对于测区平均水平面的高度；f 为物镜中心至像面的垂距，被称为航摄机主距；m 为比例尺分母。这是摄影测量中常用的重要公式之一。

航摄比例尺的选定取决于测图比例尺，大体与测图比例尺相当(表 3-1)。在做航摄计划时，选定了航摄机(即主距)和航摄比例尺以后，相对航高可根据式(3-2)计算。飞机应按预定航高飞行，其差异一般不得大于 5%，同一航线内各个摄影站的航高差不得大于 50m。

表 3-1　**航摄比例尺与成图比例尺的关系**

<table>
<tr><th>比例尺类别</th><th>航摄比例尺</th><th>成图比例尺</th></tr>
<tr><td rowspan="4">大比例尺</td><td>1 : 2000～1 : 3000</td><td>1 : 500</td></tr>
<tr><td>1 : 4000～1 : 6000</td><td>1 : 1000</td></tr>
<tr><td rowspan="2">1 : 8000～1 : 12000</td><td>1 : 2000</td></tr>
<tr><td rowspan="2">1 : 5000</td></tr>
<tr><td rowspan="2">中比例尺</td><td>1 : 15000～1 : 20000(像幅 23×23)</td></tr>
<tr><td>1 : 10000～1 : 25000
1 : 25000～1 : 35000(像幅 23×23)</td><td>1 : 10000</td></tr>
<tr><td rowspan="2">小比例尺</td><td rowspan="2">1 : 20000～1 : 30000
1 : 35000～1 : 55000</td><td>1 : 25000</td></tr>
<tr><td>1 : 50000</td></tr>
</table>

3. 像片重叠度

用于地形测量的航摄像片，必须使影像覆盖整个测区，而且能够进行立体测图，相邻像片应有一定的重叠度。同一航线内相邻像片间的重叠影像称为航向重叠，相邻航线像片间的重叠影像称为旁向重叠。如图 3-4 所示。重叠大小用像片的重叠部分与像片边长比值的百分数表示，称为重叠度。

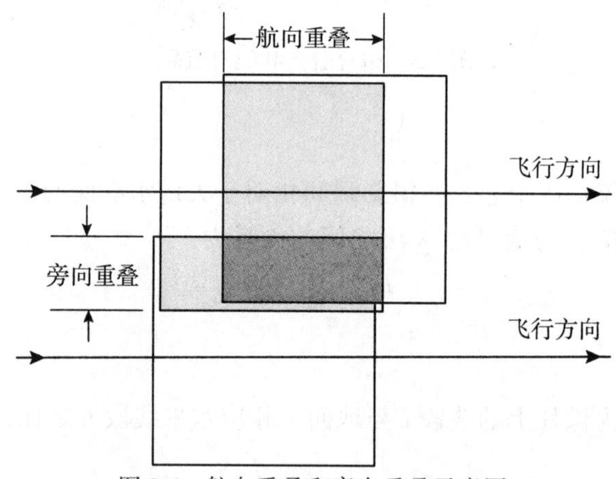

图 3-4　航向重叠和旁向重叠示意图

大飞机航向重叠度一般规定为 60%，最小不得小于 53%，最大不大于 75%；旁向重叠度一般规定为 30%，最小不得小于 15%，最大不大于 50%。无人机由于像幅小，飞行姿态不稳定，竖直摄影航向重叠度一般为 80%，旁向重叠度一般为 60%；而倾斜摄影要求航向重叠度一般为 80%，旁向重叠度一般为 70%。

4. 航线弯曲

在航拍过程中，由于无人机稳定程度不如有人驾驶飞机，易受高空风力影响，会导致航线漂移，飞行的轨迹不再像传统的航空摄影一样沿直线飞行，会产生航线弯曲现象。所谓航线弯曲，就是把一条航线的航摄像片根据地物影像拼接起来，各张像片的主点连线不在一条直线上，而呈现为弯弯曲曲的折线。航线最大弯曲矢量与航线长度之比的百分数称为航线弯曲度。规范要求航线弯曲度<3%。如图 3-5 所示为航线弯曲度示意图。

$$\text{航线弯曲度} = \frac{L}{D} \times 100\% \tag{3-4}$$

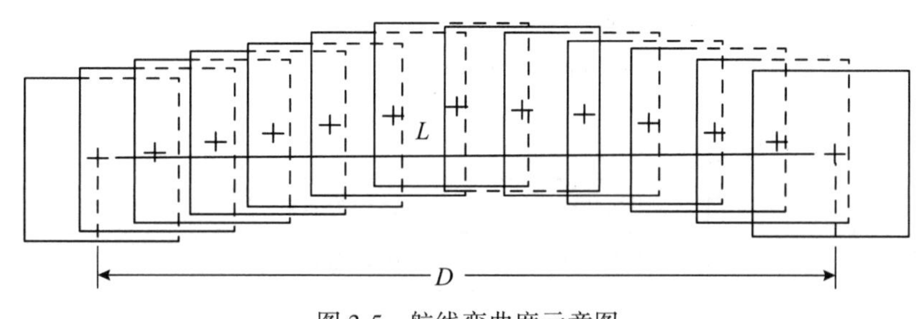

图 3-5　航线弯曲度示意图

5. 像片旋偏角

航线中相邻像片主点的连线与同方向像片边框方向的夹角称为像片旋偏角。一般不得大于 6°，个别允许到 10°。如图 3-6 所示。

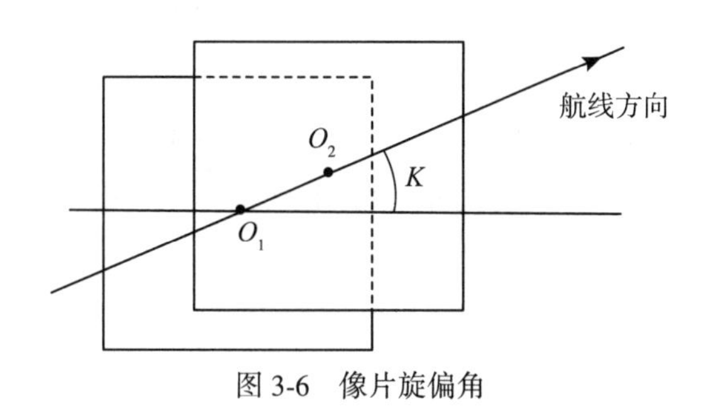

图 3-6　像片旋偏角

6. 像片畸变差

数码相机是非量测相机，在相机的制造和装配过程中会存在一些误差，造成像片几何失真，改变了景物的实际地面位置，把其形成的误差称为光学畸变差，如图 3-7 所示。在建模过程中需要对像片进行畸变改正。

图 3-7　相机镜头畸变示意图

特别是对于短焦距宽视角相机，像片畸变更加突出。虽然在空三加密过程中可以求出畸变参数，但是强烈建议事前对相机进行高精度的畸变检测，这样在建模过程中可以作为已知参数输入软件中。图 3-8 为数码相机 SonyRX-1 的检测报告。

数码相机检测报告

相机型号：SonyRX-1　　　　测定日期：××××-××-××
像素数：6000×4000
像素尺寸：0. 00642mm×0. 00642mm

检测参数：

相机焦距	36. 253979mm
像主点 x_p	0. 011092mm
像主点 y_p	−0. 001068mm
K_1	−2. 241e-010
K_2	−4. 379e-016
K_3	2. 234e-023
P_1	−1. 295e-008
P_2	−8. 547e-008
B_1	7. 393e-004
B_2	−1. 411e-004

图 3-8　相机检测报告

3. 1. 3　影像参数

1. 传感器尺寸

传感器尺寸指相机中感光器件的面积大小，是相机图幅最大尺寸，单位为 mm。传感器有 CCD 和 CMOS 两种类型。传感器尺寸越大，感光面积越大，感光性能越好，成像效果越好，但价格也更高。例如大疆 DJI 精灵 4 Pro 相机的传感器尺寸长 23. 5mm，宽 15. 6mm，为 APS-C 类型相幅。目前，全幅相机的传感器尺寸长 36mm，宽 24mm。

感光器件的大小直接影响数码相机的体积和重量。超薄、超轻的数码相机一般传感器尺寸也小，而越专业的数码相机，传感器尺寸也越大。

2. 图像尺寸(图像分辨率)

图像尺寸也称为图像分辨率，指图像在水平和垂直方向上的像素数，表达方式为“水平像素数×垂直像素数”。如：大疆精灵 4 Pro 的图像尺寸为 5472mm×3648mm。

3. 像元大小

在栅格图像中，每个小方格实际就是一个像素。像元大小就是指每个像素所代表栅格的大小，其值等于传感器尺寸除以图像尺寸，单位为微米。如大疆精灵 4 Pro 的像元大小是 23. 5/5472 = 0. 0043m，即 4. 3μm。

4. 地面分辨率(GSD)与模型精度

地面分辨率也称为影像精度，指摄影像片一个像素所代表实地的实际大小。其值与摄影高度和相机焦距有关。影像精度公式如下：

$$\text{影像精度} = \text{传感器尺寸} \times \frac{\text{航高}}{\text{焦距} \times \text{图像最大尺寸}} \tag{3-5}$$

模型精度指通过仪器在实地测量地面上点的位置与在模型上采集该点的位置较差计算出的中误差。实践统计结果表明：模型平面精度 = 1. 5～2. 0 倍的影像精度；模型高程精度 = 2. 0～3. 0 倍的影像精度。

【例 3-1】 若大疆 DJI 精灵 4 Pro 的图像尺寸为 5472mm×3648mm，传感器尺寸长 23. 5mm，宽 15. 6mm，焦距为 9mm，设航高为 80m，求影像精度。

解：根据式(3-5)，有

$$\text{影像精度} = \text{传感器尺寸} \times \frac{\text{航高}}{\text{焦距} \times \text{图像最大尺寸}}$$

$$= 23.5 \times \frac{80}{9 \times 5472} = 38\text{mm}$$

【例 3-2】 若大疆 DJI 精灵 4 Pro 的图像尺寸为 5472mm×3648mm，传感器尺寸长 23. 5mm，宽 15. 6mm，焦距为 9mm，要求地面分辨率不大于 5cm，求设计航高。

解：根据式(3-5)，有

$$\text{航高} = \text{影像精度} \times \frac{\text{焦距} \times \text{图像最大尺寸}}{\text{传感器尺寸}}$$

$$= 0.050 \times \frac{9 \times 5472}{23.5} = 104.8\text{m}$$

5. 航片空中姿态

指航摄瞬间航片的俯仰角、横滚角和航向角，如图 3-9 所示。

(1)俯仰角：机体纵轴沿机头方向与地平面(水平面)之间的夹角，飞机抬头为正。或定义为机体绕横轴转动的角度。

(2)横滚角：机体绕纵轴侧翻转动的角度为横滚角，机体向右滚为正，反之为负。

(3)航向角：实际航向与某一指定航向之间的夹角，或机体绕竖轴转动的角度。

俯仰角对测图精度的影响最大。旋翼机因为有云台，俯仰角度会控制得很好，一般在 1°左右。固定翼的俯仰角如果控制在 2°左右是十分理想的。

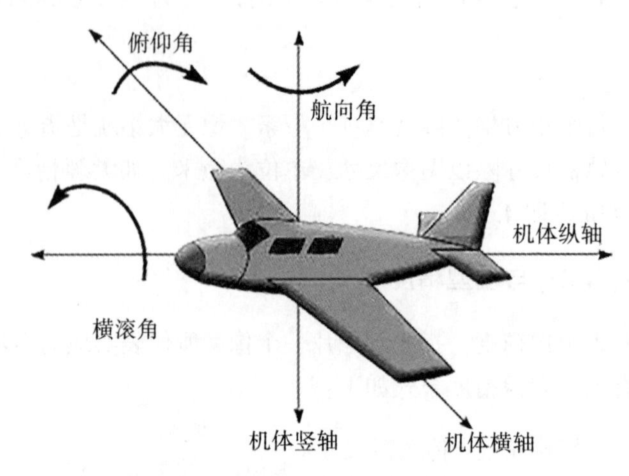

图 3-9　航片空中姿态角示意图

航向角对测图精度的影响其次。固定翼由于在空中受到风向影响，机头会寻找风向稳定飞行，即便空中有风，拍摄出来的照片也是朝向一个方向偏转。

3.2　摄影测量中常用的坐标系统

摄影测量解析的任务就是根据像片上像点的位置确定对应地面点的空间位置，为此必然涉及选择适当的坐标系统来描述像点和地面点，并通过系列的坐标变换，建立二者之间的数学关系，从而由像点观测值求出对应物点的测量坐标。摄影测量中常用的坐标系分为两大类：一类是用于描述像点位置的像方空间坐标系；另一类是用于描述地面点位置的物方空间坐标系。

3.2.1　像方空间坐标系

1. 像平面坐标系 $O\text{-}xy$

像平面坐标系，用以表示像点在像平面内的位置。按定义它是以像主点 O 为坐标系的原点，以航线方向的一对框标连线为 x 轴，记为 $O\text{-}xy$，如图 3-10 所示。但实际上由于像主点的位置在像片上很难直接找出，所以一般是以框标连线的交点 M 作为该原点，这样像平面坐标系($O\text{-}xy$)与框标坐标系($P\text{-}xy$)之间存在着坐标原点简单平移的关系，即

$$\begin{pmatrix} x \\ y \end{pmatrix} = \begin{pmatrix} x_a \\ y_a \end{pmatrix} - \begin{pmatrix} x_o \\ y_o \end{pmatrix} \tag{3-6}$$

式中：x，y 表示任一像点 a 在像平面坐标系 $O\text{-}xy$ 中的坐标；x_a，y_a 表示任一像点 a 在框标坐标系 $P\text{-}xy$ 中的坐标；x_o，y_o 表示像主点 O 在框标坐标系 $P\text{-}xy$ 中的坐标。

因此，选择框标坐标系作为像平面坐标系时，应用中可按 x_o，y_o 进行数据改正。

2. 像空间坐标系 *S-xyz*

像空间坐标系是表示点在像空间位置的右手空间直角坐标系统。其坐标系原点定义在投影中心 S，其 x，y 轴分别平行于像平面坐标系的相应轴，z 轴与摄影方向线 SO 重合，正方向按右手规则确定，向上为正。如图 3-11 所示。

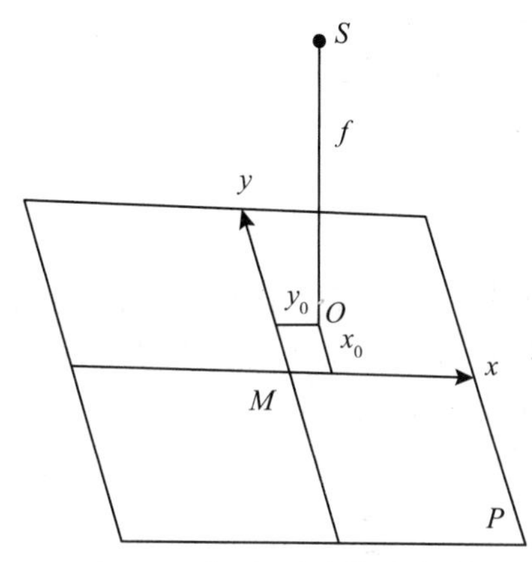

图 3-10 像平面与框标坐标系

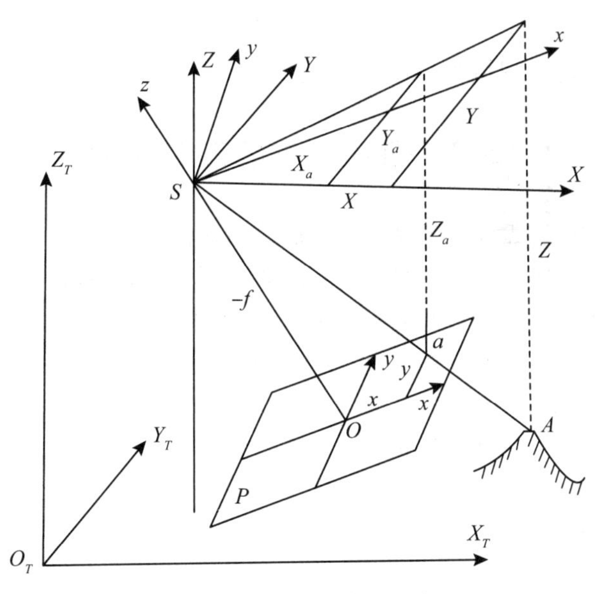

图 3-11 摄影测量坐标系示意图

3. 像空间辅助坐标系 *S-XYZ*

该坐标系是一种过渡坐标系，它以摄站点(或投影中心)S 为坐标原点。在航空摄影测量中通常以铅垂方向(或设定的某一竖直方向)为 Z 轴，并取航线方向为 X 轴，如图 3-11 所示，这样有利于改正沿航线方向累积的系统误差。

3.2.2　物方空间坐标系

1. 摄影测量坐标系

摄影测量坐标系简称摄测坐标系，也是一种右手空间直角坐标系，用以表示模型空间中各点的相关位置，坐标系的原点和坐标轴方向的选择根据实际讨论问题的不同而不同，但在一般情况下，原点选在某一摄影站或某一已知点上，坐标系横轴（X 轴）大体与航线方向一致，竖坐标轴（Z 轴）向上为正。

2. 地面辅助坐标系

地面辅助坐标系是摄影测量计算中经常采用的一种过渡性的地面坐标系统，采用右手空间直角坐标系统。其坐标原点可以选在任一已知的地面点；其 X 轴的方向可以按需要而定，选择是比较灵活的。但 Z 轴必须处于铅垂的方向上，即坐标平面 XY 为通过坐标原点的水平面。地面辅助坐标系在图 3-11 中标记为 O_T-$X_TY_TZ_T$。

3. 大地坐标系

以上介绍的四种坐标系均为右手直角坐标系统，而大地坐标系则为左手直角坐标系统。这里讨论的大地坐标系是指高斯平面直角坐标系，高程则以我国 1985 国家高程系统为标准。大地坐标系的纵轴指向正北方向。

3.3　航摄像片的方位元素

在摄影测量过程中，需要定量描述摄影机的姿态和空间位置，从而确定所摄像片与地面之间的几何关系。这种描述摄影机（含航摄像片）姿态的参数称为方位元素。依其作用的不同可以分为两类，一类用以确定投影中心对像片的相对位置，称为像片的内方位元素；另一类用以确定像片以及投影中心（或像空间坐标系）在物空间坐标系（通常为地面辅助坐标系）中的方位，称为像片的外方位元素。

航摄像片的内、外方位元素是建立物与像之间数学关系的重要基础。

3.3.1　内方位元素

摄影中心 S 对所摄像片的相对位置称为像片的内方位。确定航摄像片内方位的必要参数称为航摄像片的内方位元素。

航摄像片的内方位元素有三个：像片主距 f，像主点在像片框标坐标系中的坐标 x_0、y_0。

从图 3-12 中不难看出，f、x_0、y_0 中任一元素改变，则透视中心 S 与像面 P 的相对位置就要改变，摄影光束（或投影光束）也随之改变。所以可以说，内方位元素的作用在于表示摄影光束的形状，在投影的情况下，恢复内方位就是恢复摄影光束的形状。

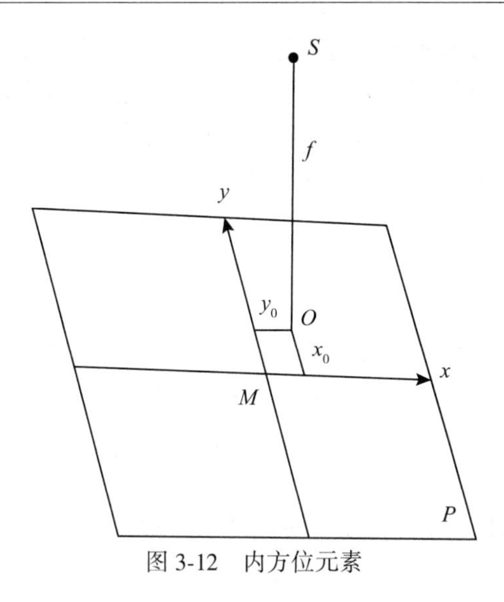

图 3-12　内方位元素

在航摄机的设计中，要求像主点与框标坐标系的原点重合，即尽量使 $x_0=y_0=0$。实际上由于摄影机装配中的误差，x_0、y_0 常为一微小值而不为 0。内方位元素值通常是已知的，可以在航摄仪检定表中查出。

有了内方位元素，就可以内定向了。简单来说，内定向就是利用相机检校报告中一系列参数，去掉原始航片影像畸变，粗纠正变形，提高航测内业 3D 产品精度。

3.3.2　外方位元素

确定航摄像片(或摄影光束)在地面辅助坐标系中的方位所需的元素，称为该像片的外方位元素。如图 3-13 所示。

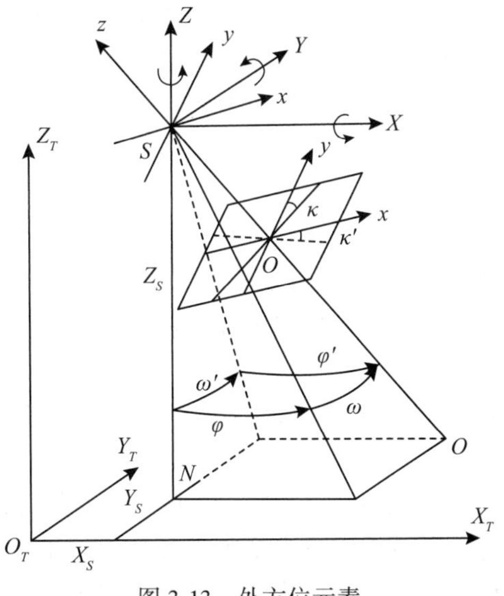

图 3-13　外方位元素

为了确定摄影光束在地面辅助坐标系中的位置，需要有三个线元素和三个角元素，共需六个元素。其中三个线元素是摄站(投影中心)S在地面辅助坐标系中的坐标(X_s，Y_s，Z_s)，用来确定摄影光束顶点在地面辅助坐标系中的空间位置；三个角元素用来确定摄影光束在地面辅助坐标系中的姿态。这些角元素的表示方式有许多种，下面介绍三种角元素系统。

1. φ-ω-κ 系统

在图3-11中，S-xyz为像空间坐标系，而O_T-$X_TY_TZ_T$为地面辅助坐标系。作摄影测量坐标系S-XYZ，使其各轴与地面辅助坐标系各轴平行，则三个角元素的定义如下：

φ——主光轴S_O在XZ坐标面内的投影与过投影中心的铅垂线之间的夹角，称为偏角。

ω——主光轴S_O与其在XZ坐标面上的投影之间的夹角，称为倾角。

κ——Y轴沿主光轴S_O的方向在像平面上的投影与像平面坐标的y轴之间的夹角，称为旋角。

三个角元素和ω共同确定了主光轴S_O的方向，而κ则用来确定像片在像平面内的方位，即光线束绕主光轴的旋转。利用φ-ω-κ系统恢复像片在空间的角方位时，应以Y坐标轴作为第一旋转轴(主轴)，X坐标轴作为第二旋转轴(副轴)，Z坐标轴作为第三旋转轴，即依次绕Y轴、X轴、Z轴分别旋转φ，ω和κ角来实现。

2. ω'-φ'-κ'系统

参照图3-11，第二种角方位元素的定义如下：

ω'——主光轴S_O在YZ坐标面上的投影与过投影中心的铅垂线之间的夹角，称为倾角。

φ'——主光轴S_O与其在YZ面上的投影之间的夹角，称为偏角。

κ'——X轴在像平面上的投影与像平面坐标系X轴之间的夹角，称为旋角。

与第一种角元素系统相仿，ω'和φ'角用来确定主光轴(S_O)的方向，旋角κ'用来确定像片(光束)绕主光轴的旋转。利用该系统恢复像片角方位时，应依次绕X轴、Y轴、Z轴分别旋转ω'、φ'、κ'角来实现。

3. t-α-κ 系统

这种角方位元素系统的定义表示于图3-14中。

t——主垂面与地辅坐标系统的X_TY_T坐标面的交线与Y_T轴之间的夹角，称为主垂面方向角。

α——主光轴S_O与过投影中心的铅垂线之间的夹角，称为像片的倾斜角。该角恒取正值。

κ——主纵线与像平面坐标系的y轴之间的夹角，称为像片的旋角。

与前两种角元素相仿，t和α用来确定主光轴(SO)的方向，旋角κ用来确定像片(光束)绕主光轴的旋转。利用t、α、κ系统恢复像片角方位时，应依次绕Z轴、X轴、Y轴分别旋转t、α、κ角来实现。

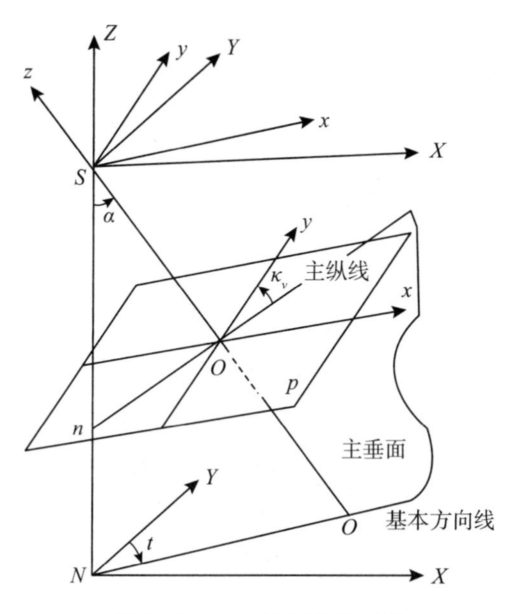

图 3-14 t-α-κ 系统方位元素

需明确指出，任何一个空间直角坐标系在另一个空间直角坐标系中的角方位，都可以采用上述三种系统中的任何一种来描述。但无论采用哪一种，都是由三个独立的角元素确定的。

在本书以后的叙述中，主要采用 φ-ω-κ 角方位元素系统，其他角方位元素系统则较少使用。

3.4 共线方程

3.4.1 空间直角坐标系旋转的基本关系

要想解析地说明摄影构像所形成的中心投影，用公式表达像点、投影中心、对应物点之间的关系，坐标系统的变换是基础。坐标系统的旋转变换是讨论空间点在两个同原点的直角坐标系中的坐标之间的关系。如图 3-15 所示为坐标关系示意图。

像空间坐标与像空间辅助坐标之间的变换是正交变换，即一个坐标按照某种次序有规律地旋转三个角度即可变换为另一个原点的坐标系。

假设像点 a 在像空间坐标系中的坐标为$(x, y, -f)$，而同时像空间辅助坐标系中的坐标为(X, Y, Z)，两者的正交关系为：

$$\begin{pmatrix} X \\ Y \\ Z \end{pmatrix} = \boldsymbol{R}\begin{pmatrix} x \\ y \\ z \end{pmatrix} = \begin{pmatrix} a_1 & a_2 & a_3 \\ b_1 & b_2 & b_3 \\ c_1 & c_2 & c_3 \end{pmatrix}\begin{pmatrix} x \\ y \\ -f \end{pmatrix} \tag{3-7}$$

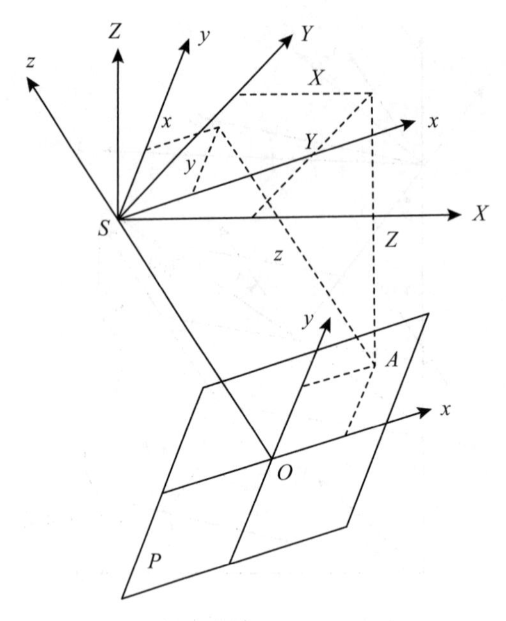

图 3-15　坐标关系示意图

式中，$\boldsymbol{R}$ 是一个 3×3 的正交矩阵，得到 9 个方向矩阵的元素为：

$$\left.\begin{aligned}
a_1 &= \cos\varphi\cos\kappa - \sin\varphi\sin\omega\sin\kappa \\
a_2 &= -\cos\varphi\sin\kappa - \sin\varphi\sin\omega\cos\kappa \\
a_3 &= -\sin\omega\cos\omega \\
b_1 &= \cos\omega\sin\kappa \\
b_2 &= \cos\omega\cos\kappa \\
b_3 &= -\sin\omega \\
c_1 &= \sin\varphi\cos\kappa + \cos\varphi\sin\omega\sin\kappa \\
c_2 &= -\sin\varphi\sin\kappa + \cos\varphi\sin\omega\cos\kappa \\
c_3 &= \cos\varphi\cos\omega
\end{aligned}\right\} \tag{3-8}$$

3.4.2　共线方程

共线方程是描述像点 a，投影中心 S 和对应地面点 A 三点共线的方程。

如图 3-16 所示，假定 S 为摄影中心点，主距为 f，在地面摄影测量坐标系中，它的坐标为(X_S, Y_S, Z_S)，物点 A 是坐标(X, Y, Z)在地面摄影测量坐标系中的空间点，a 是 A 在影像上的构像，它对应的像空间坐标系中的坐标为$(x, y, -f)$，像空间辅助坐标系的坐标为(X', Y', Z')。此时 a、A、S 三点在一条直线上，像点的像空间辅助坐标$(X-X_S, Y-Y_S, Z-Z_S)$与地面摄影测量坐标(X, Y, Z)之间的关系如下：

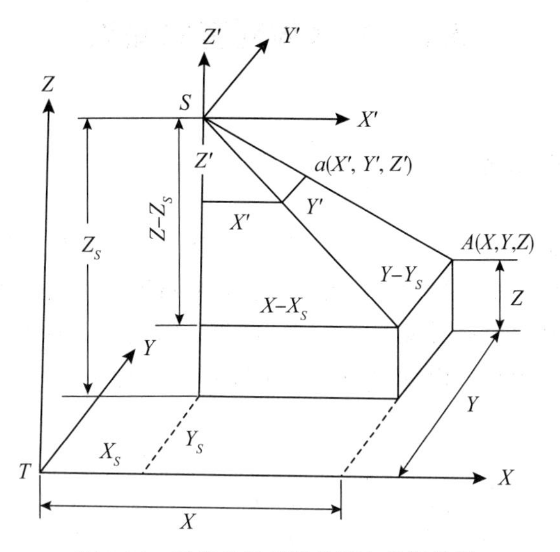

图 3-16　图像点与相应地面上坐标关系

$$\frac{X-X_S}{X'}=\frac{Y-Y_S}{Y'}=\frac{Z-Z_S}{Z'}=\lambda \tag{3-9}$$

式中：λ 为比例因子。则

$$X'=\frac{1}{\lambda}(X-X_S),\ Y'=\frac{1}{\lambda}(Y-Y_S),\ Z'=\frac{1}{\lambda}(Z-Z_S) \tag{3-10}$$

由像点的像空间坐标与像空间辅助坐标的关系可知，

$$\frac{x}{-f}=\frac{a_1X'+b_1Y'+c_1Z'}{a_3X'+b_3Y'+c_3Z'} \tag{3-11}$$

$$\frac{y}{-f}=\frac{a_2X'+b_2Y'+c_2Z'}{a_3X'+b_3Y'+c_3Z'} \tag{3-12}$$

其中：a_i，b_i，c_i 为方向余弦，分别是像空间辅助坐标系各轴与相应的像空间坐标系各轴夹角的余弦。

将式(3-10)分别代入式(3-11)和式(3-12)，有

$$\left.\begin{aligned}x&=-f\frac{a_1(X-X_S)+b_1(Y-Y_S)+c_1(Z-Z_S)}{a_3(X-X_S)+b_3(Y-Y_S)+c_3(Z-Z_S)}\\y&=-f\frac{a_2(X-X_S)+b_2(Y-Y_S)+c_2(Z-Z_S)}{a_3(X-X_S)+b_3(Y-Y_S)+c_3(Z-Z_S)}\end{aligned}\right\} \tag{3-13}$$

上式就是共线条件方程式。

式中：x，y 为像点的平面坐标；X_S，Y_S，Z_S 为摄站点的地面摄影测量坐标；X，Y，Z 为像点的地面摄影测量坐标。

3.5　立体像对基本知识

3.5.1　立体观察的原理

人眼两瞳孔之间的距离大约为 65mm，使得双眼在一定距离范围内观察同一目标时角度略有不同，这一细微差别使得同一目标投影到左右视网膜上的像略有不同，在视觉上产生差异，这就是双目视差。双目视差是反映空间物体深度信息的客观物理现象，是感知立体的重要生理基础。人眼双目视觉模型如图 3-17 所示。计算机立体视觉正是建立在人眼双目视觉模型之上的。

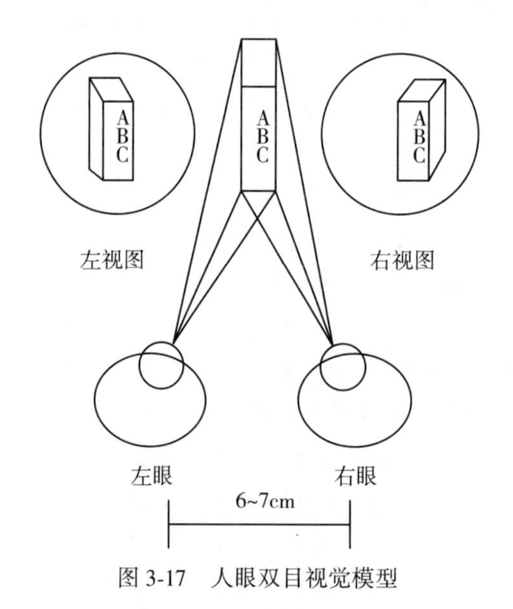

图 3-17　人眼双目视觉模型

双目立体视觉是基于视差，由三角法原理进行三维信息的获取，通常由两台相机的图像平面(或单相机在不同位置的图像平面)和被测物体之间构成一个三角形，利用几何关系恢复出物体的三维几何信息。

立体观察的原理是建立人造立体视觉，即将像对上的视差反映为人眼的生理视差后得出的立体视觉。得到人造立体视觉须具备 3 个条件。

(1)由两个不同位置(一条基线的两端)拍摄同一景物的两张像片(称为立体像对或像对)。

(2)两只眼睛分别观察像对中的一张像片。

(3)观察时像对上各同名像点的连线要同人的眼睛基线大致平行，而且同名点间的距离一般要小于眼基线(或扩大后的眼基距)。若用两个相同标志分别置于左右像片的同名像点上，则立体观察时就可以看到在立体模型上加入了一个空间的测标。为便于立体观察，可借助于一些简单的工具，如桥式立体镜和反光立体镜。对于那种利用两个投影器把左右像片的影像同时叠合地投影在一个承影面上的情况，可采用互补色原理或偏振光原理进行立体观察，并用一个具有测标的测绘台量测。

3.5.2 立体像对的基本概念

以单张像片解析为基础的摄影测量通常称为单像摄影测量或平面摄影测量，根据上一节的分析，这种摄影测量不能解决地面目标的三维坐标测定问题，解决这个问题要依靠立体摄影测量。立体摄影测量也称为双像摄影测量，是以立体像对为基础，通过对立体像对的观察和量测确定地面目标的形状、大小、空间位置及性质的一门技术。

由不同摄影站摄取的，具有一定影像重叠的两张像片称为立体像对。下面介绍立体像对与所摄地面之间的基本几何关系和部分术语。

图 3-18 表示处于摄影位置的立体像对，S_1、S_2 为两个摄站，下角标 1、2 表示左、右。S_1、S_2 的连线称为摄影基线，记作 B。地面点 A 的投射线 AS_1 和 AS_2 称为同名光线或相应光线，同名光线分别与两像面的交点 a_1、a_2 称为同名像点或相应像点。显然，处于摄影位置时同名光线在同个平面内，即同名光线共面，这个平面称为核面。广义地说，通过摄影基线的平面都可以称为核面，通过某一地面点的核面则称为该点的核面。例如通过地面点 A 的核面就称为 A 点的核面，记作 W。所以，在摄影时所有的同名光线都处在各自对应的核面内，即摄影时各对同名光线都是共面的。这是关于立体像对的几个重要几何概念。

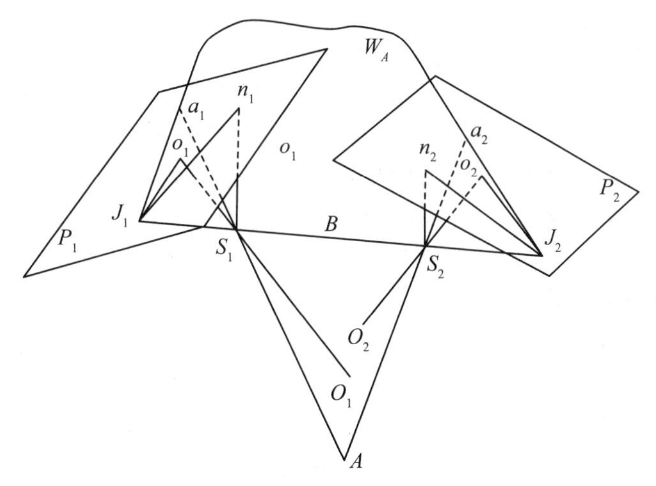

图 3-18　立体像对的基本点、线、面

通过像底点的核面称为垂核面，因为左、右底点的投射光线是平行的，所以一个立体像对有一个垂核面。过像主点的核面称为主核面，有左主核面和右主核面。由于两主光轴一般不在同一个平面内，所以左、右主核面一般是不重合的。

基线或其延长线与像平面的交点称为核点，图 3-18 中 J_1、J_2 分别是左、右像片中的核点。核面与像平面的交线称为核线，与垂核面、主核面相对应的有垂核线和主核线。同一个核面对应的左、右像片中的核线称为相应核线，相应核线上的像点一定是一一对应的，因为它们都是同一个核面与地面交线上的点的构像。由此得知，任意地面点对应的两条核线是相应核线，左、右像片中的垂核线也是相应核线，而左、右主核线一般不是相应核线。由于所有核面都通过摄影基线，而摄影基线与像平面相交于一点，即核点，所以像平面上所有核线必会聚于核点。与单张像片的解析相联系可知，核点就是空间一组与基线方向平行的直线的合点。

摄影基线水平的两张水平像片组成的立体像对称为标准式像对。由于通过以像主点为原点的像平面坐标系的坐标轴方向的选择可以使这种像对的两个像空间坐标系、基线坐标系与地面辅助坐标系之间的相应坐标轴平行，所以也可以说两个像空间坐标系和基线坐标系各轴均与地面辅助坐标系相应轴平行的立体像对称为标准式像对。

立体像对上相应像点在两像片中的位置是不同的，即在两像片中的像平面坐标是不等的，如图 3-19 所示。这种相应像点的坐标差称为视差。其中横坐标之差称为左右视差，用 p 表示，纵坐标之差称为上下视差，用 q 表示，即

$$p=x_1-x_2, \qquad q=y_1-y_2 \tag{3-14}$$

左右视差恒为正，上下视差可为正、负或零。

3.5.3　立体像对的方位元素

立体像对的方位元素包括立体像对的相对方位元素和绝对方位元素。

1. 立体像对的相对方位元素

确定一张航摄像片(或摄影光束)在地面辅助坐标系统中的方位，需要 6 个外方位元素，即摄站的 3 个坐标和确定摄影光束姿态的 3 个角元素。因此，要确定一个立体像对的两张像片在该坐标系中的方位，则需要 12 个外方位元素，便确定了这两张像片在地面辅助坐标系中的方位，当然也就确定了这两张像片的相对方位。

但在实际过程中，系统总是把立体像对中的左像片平面当作一个假定的水平面，而求右像片相对于左像片的相对方位。亦即，这种相对方位元素系统是以左像片的像空间坐标系 S_1-$x_1y_1z_1$ 作为参照基准的。

如图 3-19 所示，现取左像片的像空间坐标系为 $S_1-x_1y_1z_1$，作为我们的摄影测量坐标系 S-XYZ，则可认为左像片在此摄影测量坐标系 S-XYZ 中的外方位元素全部为零。因此，右像片对于左像片的相对方位元素，就是右像片在摄影测量坐标系 S-XYZ 中的所谓外方位元素(由于这里的外方位元素并不一定是对地面辅助坐标系而言的，所以加上“所谓”二字)。因此，连续像对相对方位元素系统由下述 5 个元素组成(图 3-19)：$\overline{T}$，$\overline{V}$，$\Delta\overline{\varphi}$，$\Delta\overline{\omega}$，$\Delta\overline{k}$。这 5 个元素称为连续像对的相对定向方位元素。

2. 立体像对的绝对方位元素

由前一节的内容可知，在恢复了立体像对的两张像片(光线束)的相对方位之后，相应光线必在其核面内成对相交，这些交点的总和，形成了一个与实地相似的几何模型。不过，由于相对方位元素系统是以摄影测量坐标系统(例如基线坐标系)为参照基准的，是

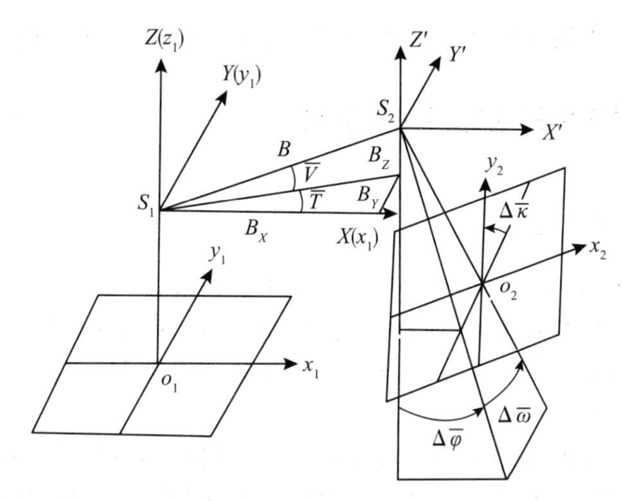

图 3-19　连续像对相对定位元素

独立于地面辅助坐标系统的，所以这个模型在地面辅助坐标系中的方位是任意的，模型的比例尺也是任意的。在恢复了立体像对的相对方位之后，可以把立体像对的两个光束及其相应光线相交而构成的立体模型作为一个整体看待。

在恢复立体像对之两张像片(光束)的相对方位的基础上，用来确定立体像对(立体模型)在地面辅助坐标系中的正确方位和比例尺所需要的参数，称为立体像对(立体模型)的绝对方位元素。

前已述及，立体像对(模型)的绝对方位元素应有 7 个。常用的 7 个元素是：B，X_S，Y_S，Z_S，$\boldsymbol{\Phi}$，$\boldsymbol{\Psi}$，$\boldsymbol{\Omega}$，$\boldsymbol{K}$，现分别定义如下：

B——摄影基线长，用以确定模型的比例尺(也可以用基线分量 B_X代替，或用模型的比例尺分母代替)。

$\boldsymbol{\Phi}$——模型在 X 方向(航线方向)的倾斜角。

$\boldsymbol{\Omega}$——模型在 Y 方向(旁向)的倾斜角。

$\boldsymbol{K}$——模型在 XY 平面内的旋转角。

$(X_S,\ Y_S,\ Z_S,)$——某一摄站(如左摄站)在地面辅助坐标系 $O_T\text{-}X_TY_TZ_T$ 中的坐标(也可以用模型中某一已知点的地面坐标)。

上述立体像对(模型)绝对方位元素的含义，还可以用解析几何学中坐标变换的方法来分析。假如在确定像对之相对方位元素时，是以摄影测量坐标系 $S\text{-}XYZ$(比如，在单独像对系统中，$S\text{-}XYZ$ 就是基线坐标系)为参照基准的，那么立体像对(模型)的绝对方位元素就是确定摄影测量坐标系 $S\text{-}XYZ$ 在地面辅助坐标系 $O_T\text{-}X_TY_TZ_T$ 中的方位和统一长度单位所需要的参数。为此，就需要有下述的参数：

$(\boldsymbol{\Psi},\ \boldsymbol{\Omega},\ \boldsymbol{K})$——摄影测量坐标系 $S\text{-}XYZ$ 对于地面辅助坐标系 $O_T\text{-}X_TY_TZ_T$ 的三个旋转角。

$(X_S,\ Y_S,\ Z_S)$——摄影测量坐标系 $S\text{-}XYZ$ 的坐标原点 S 在地面辅助坐标系 O_T-$X_TY_TZ_T$ 中的坐标。

λ——两坐标系单位长度的比值，实际为模型的比例尺分母。

这样，立体像对的绝对方位元素为下述 7 个：λ，X_S，Y_S，Z_S，Ψ，Ω，K。

3.5.4　立体像对的相对定向和绝对定向

1. 立体像对的相对定向

恢复立体像对中两张像片(或光束)之间的相对方位的过程，称为立体像对的相对定向。在前面讲述立体像对的基本定义时，我们已经知道，相应光线和摄影基线共处于一个核面内，这也是恢复立体像对的相对方位的几何条件，称为共面条件。共面条件的解析表达，称为共面条件方程。

如图 3-20 所示，在摄影站 S 和 S'处摄取一个立体像对 P-P'，任一地面点 A 在像片 P 和 P'上的相应像点分别为 a 和 a'。图 3-20 中 S-XYZ 为所选定的摄影测量坐标系。过点 S' 作一辅助的摄影测量坐标系 S'-XYZ，使其各坐标轴与 S-XYZ 的相应坐标轴平行。设：

(X, Y, Z)——a'点在坐标系 S-XYZ 中的坐标。

(X', Y', Z')——a 点在坐标系 S'-XYZ 中的坐标。

(B_X, B_Y, B_Z)——S'点在坐标系 S-XYZ 中的坐标。共面条件方程为：

$$(B_X \quad B_Y \quad B_Z)\begin{pmatrix} 0 & -Z & Y \\ Z & 0 & -X \\ -Y & X & 0 \end{pmatrix}\begin{pmatrix} X' \\ Y' \\ Z' \end{pmatrix} = 0 \tag{3-15}$$

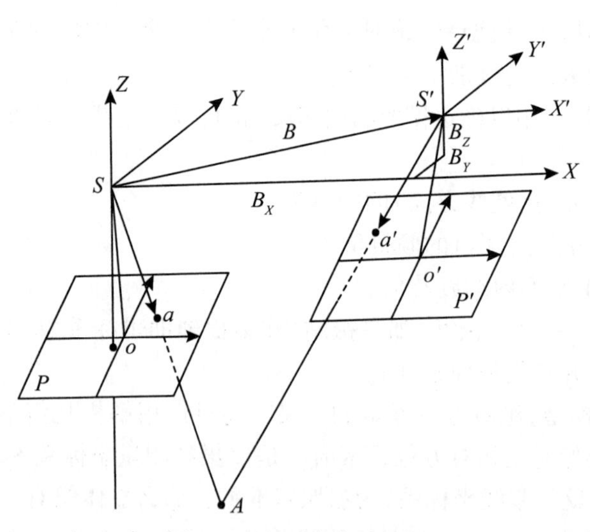

图 3-20　相对定向示意图

在连续像对相对定向中，总认为左方像片在摄影测量坐标系统 S-XYZ 中是固定不动的，只移动或旋转右方像片就行了。也就是说，左方像片在 S-XYZ 中的角方位元素是已知的。所以，左像片上像点的摄影测量坐标 X、Y、Z 也是已知的。基线分量 B_X 可以任意给定，是一个常数。在这样的条件下，像对的相对方位元素便是右方像片(光束)对于摄影测量坐标系统 S-XYZ 的"外方位元素"：B_Y，B_Z，$\Delta\varphi$，$\Delta\omega$，$\Delta\kappa$。

连续像对系统相对方位元素的计算是以共面条件方程式(3-15)为依据的。但是，共面方程式(3-15)是立体像对方位元素的非线性函数。为了能够按照最小二乘法平差的原理解算出相对方位元素的最小二乘解，需要将共面方程(3-15)线性化，然后根据最小二乘法进行相对方位元素 B_Y，B_Z，$\Delta\varphi$，$\Delta\omega$，$\Delta\kappa$ 计算，从而实现连续像对的相对定位。

相对定向描述了像片相对位置和姿态关系的参数，实际上就是基于特征算子算法进行数码影像匹配同名点，确定影像间相互位置关系，是空三自由网平差的理论基础。

2. 立体像对的绝对定向

当一个立体像对完成相对定向之后，相应光线在各自的核面内成对相交，其交点的集合便形成了一个与实地相似的几何模型。这些模型点在摄影测量坐标系统(有时亦称为模型坐标系统)中的坐标，可以用空间前方交会的办法计算出来。

但是，这样建立的模型是相对于摄影测量坐标系统的，该模型在地面坐标系统中的方位是未知的，其比例尺也是任意的。现在的问题就是要确定立体模型在地面坐标系中的正确方位和比例尺归化因子，从而确定出各模型点所对应的地面点在地面辅助坐标系中的坐标，这项工作称为立体模型的绝对定向。

把模型点的摄影测量坐标变换成相应地面点的地面坐标，包含三方面内容：一是模型坐标系对于地面辅助坐标系的旋转，二是模型坐标系对于地面辅助坐标系的平移，三是确定模型缩放的比例尺因子。

如图 3-21 所示，现在，假定某模型点在模型坐标系统中的坐标为(X，Y，Z)，其对应的地面点在地面辅助坐标系中的坐标为(X_T，Y_T，Z_T)，那么上述变换在数学上可以表示为：

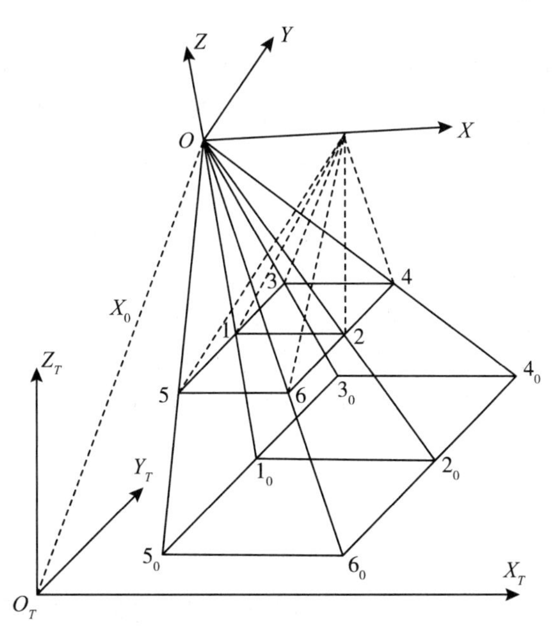

图 3-21　空间相似变换

$$\begin{bmatrix} X_T \\ Y_T \\ Z_T \end{bmatrix} = \lambda \begin{bmatrix} a_1 & a_2 & a_3 \\ b_1 & b_2 & b_3 \\ c_1 & c_2 & c_3 \end{bmatrix} \begin{bmatrix} X \\ Y \\ Z \end{bmatrix} + \begin{bmatrix} X_0 \\ Y_0 \\ Z_0 \end{bmatrix} \tag{3-16}$$

式(3-16)在数学上通称为三维空间的相似变换，也是立体模型绝对定向用的严格数学方程式。在这个方程式中共有 7 个变换参数：3 个平移参数 X_0，Y_0，Z_0，9 个旋转角元素 a_i，b_i，c_i 中只有 3 个是独立的，再加上 1 个比例尺归化因子 λ。我们称这 7 个参数为模型绝对定向参数。

具体计算时，先将式(3-16)线性化。当测区有 3 个以上的平高点时，可以列立足够的误差方程，运用最小二乘法，反复迭代才能计算这 7 个元素，从而完成立体模型的绝对定向。

3.6　立体影像匹配

影像匹配实质上是在两幅(或多幅)影像之间识别同名点的过程。在数字摄影测量中它是以计算机视觉代替传统的人工观测，来获取同名像点的，它是数字摄影测量的核心技术之一。多视影像由于是多幅影像组合而成，因此具有覆盖范围广、分辨率高的特点。鉴于这些特点，可以考虑在匹配过程中利用冗余信息，对多视影像中的同名点左边进行快速高效的获取，继而获取拍摄地物的三维特征信息。由于仅使用一种匹配基元或一种匹配策略难以获取准确且高效的同名点，随着计算机技术的发展，越来越多的人开始研究多基元、多视影像匹配。

3.6.1　影像特征提取

特征提取是计算机视觉和图像处理中的一个概念。它指的是使用一台计算机，以提取影像中同名点的图像信息，该信息决定影像中的相同特征。特征提取是将影像上的点进行归类，分别划分为不同的子集，这些子集通常是由一个孤立的点、一条连续的曲线或一个连续的区域组成。

影像特征提取一般是依靠影像中灰度的分布情况，来确定特征的位置、形状以及大小。影像特征的灰度与周围的影像灰度有比较明显的差异和区别。特征通常按形状划分，可分为点特征、线特征和面特征。点特征主要包含影像中的明显点；线特征是线状地物或面状地物的边缘在影像中的构像。提取点特征的算子称为兴趣数字。从点特征中提取的算子较多，比较有名的算子主要有：Moravec 算子、Hannah 算子、Harris 算子和 Forstner 算子。

3.6.2　影像匹配

由于在可以应用的多个领域中，影像相关所匹配的对象也是多种多样的，但是无论是基于光学相关、电子相关或者基于数字相关等，所匹配的对象也有不同，但其理论基础都是相同的。

采取在相邻具有重叠度的影像上提取出相似的两个特征，然后利用匹配算法将特征点进行匹配，相对定向得到点集。影像相关是利用互相关联的函数，就是特征提取后利用一组参数对特征进行描述，然后利用参数进行特征匹配，即以影像信号分布最相似的区域为同名区域，同名区域的中心点为同名点。

(1)基于灰度的影像匹配。基于匹配测度为基础来确定同名点，定义匹配测度是影像匹配最首要的任务，但是各种不同的匹配测度皆是基于不同的理论方法的定义，因而形成了各种不同的影像匹配方法及相应的实现算法。

基于像方灰度的影像匹配算法常见的有：相关函数法、协方差函数法、最小二乘法、相关系数法、差平方和法、差绝对值和法等。

(2)基于特征的影像匹配。在计算机或者图像处理中，提取是一个很重要的处理手段。它是指基于计算机或者图像处理时需要提取的图像信息是否属于一个图像的特征。图像上的特征就是图像上的点集合组成的一个个点、线、面。而特征提取针对的就是这样的点、线、面。

影像特征点、线、面的提取一般是依靠影像中有关灰度的分布情况，以此来确定特征的位置、形状以及大小。影像特征的灰度与周围的影像灰度有比较明显的差异和区别，一般来说，所有同名点构成的点、线、面就组成了特征点。

1. 灰度匹配

数字影像是一个二维的灰度矩阵 $\boldsymbol{G}$：

$$\boldsymbol{g}=\begin{pmatrix} g_{0,\ 0} & \cdots & g_{0,\ n-1} \\ \vdots & & \vdots \\ a_{m-1,\ 0} & \cdots & a_{m-1,\ n-1} \end{pmatrix} \tag{3-17}$$

上式中二维数组中的像元素 g_{ij} 都代表一个灰度值，其集合组成对应着光学影像或实体的一个微小区域，称为像素或者像元素。灰度值 g_{ij} 代表像素的量化“灰度级”。

灰度匹配是指寻找类似的待相关的一个小区域的影像的灰度，首先在一张像片上确定一个目标点，并以该点周围选取 $n\times n$ 个点的灰度值矩阵组成一个像素的目标区，在目标区中将任意一个像元素的灰度值设为 g_{ij} (i、j=1，2，…，n)，一般取 n 为奇数，其围绕的点即为目标点。为了在另一张像片上寻找出同名像点，根据在第一张像片上的目标点的坐标概略地估计出它在另一张像片上的近似点的范围，以此为绕点在其周围 $l\times m(l>n$，$m>n)$ 个影像灰度序列，组成一个比第一张像片目标区范围大的搜索区。

如图 3-22 所示，在搜索区寻找同名像点时，若搜索工作在 x、y 两个方向进行，则是二维相关的运算。在搜索区内有 $(l-n+1)\times(m-n+1)$ 个与目标区等大的区域，称为相关窗口，$g'_{i+k,\ j+h}(i,\ j=1,\ \cdots,\ n;\ k=0,\ 1,\ \cdots,\ l-n;\ h=0,\ 1,\ \cdots,\ m-n)$ 为窗口内任意一点的灰度值。

$$\bar{g}=\frac{1}{n}\sum_{i=1}^{n}g_i,\ \overline{g'}=\frac{1}{n}\sum_{i=1}^{n}g'_{i+k}\quad(k=0,\ 1,\ 2,\ 3,\ \cdots,\ m-1) \tag{3-18}$$

两个点组的方差 σ_{gg}、$\sigma_{g'g'}$ 分别为：

$$\sigma_{gg}=\bar{g}=\frac{1}{n}\sum_{i=1}^{n}g_i^2-\bar{g}^2,\ \sigma_{g'g'}=\frac{1}{n}\sum_{i=1}^{n}{g'_{i+k}}^2-\bar{g}'^2 \tag{3-19}$$

两个点组的协方差 $\sigma_{gg'}$ 为：

$$\sigma_{gg'} = \frac{1}{n}\sum_{i=1}^{n} g_i g'_{i+k} - \bar{g}\,\bar{g}'^2 \tag{3-20}$$

两个点组的相关系数 ρ_k 为：

$$\rho_k = \frac{\sigma_{gg'}}{\sqrt{\sigma_{gg}\sigma_{gg'}}} \quad (k = 0,\ 1,\ 2,\ 3,\ \cdots,\ n) \tag{3-21}$$

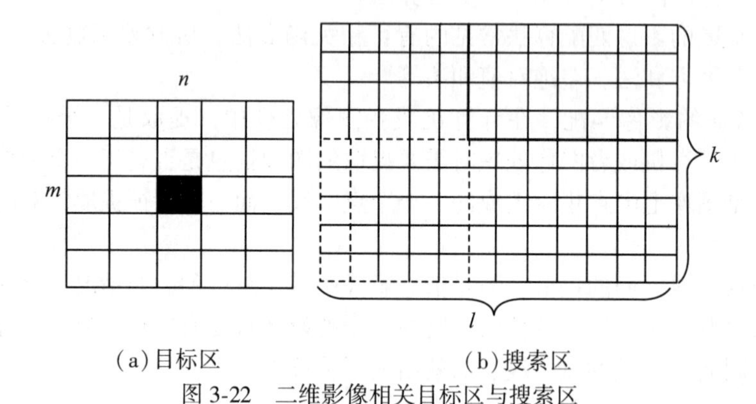

(a)目标区　　　　(b)搜索区

图 3-22　二维影像相关目标区与搜索区

在一维的搜索区内沿核线寻找同名像点，每移动一个像素，按以上公式依次计算出一维目标区和一维搜索区的相关系数 ρ，共能计算出 $m-n+1$ 个相关系数，取 ρ 的最大值，选取其对应的一维相关窗口的中心像素，被认为是目标点的同名像点。

当 $k = k_0$ 时，相关系数取得最大值，则同名像点在搜索区内的序号为：

$$k_0 + \frac{1}{2}(n + 1)$$

在二维相关的情况下，g_{ij}，g'_{ij} 表示二维目标影像(左影像)和二维搜索影像(右影像)的灰度分布影像窗口大小 $m \times n$，则均值为：

$$\left.\begin{aligned}
\bar{g} &= \frac{1}{n^2}\sum_{i=1}^{n}\sum_{j=1}^{n} g_{ij} \\
\bar{g}' &= \frac{1}{mn}\sum_{i=1}^{m}\sum_{j=1}^{n} g'_{ij} \\
\sigma_{gg} &= \frac{1}{mn}\sum_{i=1}^{m}\sum_{j=1}^{n}(g_{ij} - \bar{g})^2 = \frac{1}{mn}\sum_{i=1}^{m}\sum_{j=1}^{n} g_{ij}^2 - \bar{g}^2 \\
\sigma_{g'g'} &= \frac{1}{mn}\sum_{i=1}^{m}\sum_{j=1}^{n}(g'_{ij} - \bar{g'})^2 = \frac{1}{mn}\sum_{i=1}^{m}\sum_{j=1}^{n} {g'}_{ij}^{2} - \bar{g}'^2
\end{aligned}\right\} \tag{3-22}$$

相关函数测度：

$$R = \sum_{i=1}^{m}\sum_{j=1}^{n} g_{ij} \cdot g'_{ij} \Rightarrow \max$$

协方差函数测度：

$$\sigma_{gg'} = \frac{1}{mn}\sum_{i=1}^{m}\sum_{j=1}^{n}(g_{ij} - \bar{g})(g'_{ij} - \bar{g}') \Rightarrow \max$$

相关系数测度：

$$\rho = \frac{\frac{1}{mn}\sum_{i=1}^{m}\sum_{j=1}^{n}(g_{ij}-\overline{g})(g'_{ij}-\overline{g'})}{\sqrt{\frac{1}{mn}\sum_{i=1}^{m}\sum_{j=1}^{n}(g'_{ij}-\overline{g'})^2\cdot\frac{1}{mn}\sum_{i=1}^{m}\sum_{j=1}^{n}(g_{ij}-\overline{g})^2}} \Rightarrow \max$$

2. 特征匹配

影像匹配主要可以分为两类：基于灰度的匹配和基于特征的匹配。基于图像特征匹配的研究是近年许多学者研究比较多的，相对于基于灰度的匹配方法，基于特征匹配的方法更适合于复杂空间变换图像之间的匹配。

1)匹配策略

为同时满足匹配结果的可靠性，又保证匹配相关的精度要求，可以采用一种自顶向下，由粗到精，不断细化的分级匹配策略。

其思想是采用不同带宽的低通滤波器对原始影像进行低通滤波、降采样和平滑的方式，生成多级影像。降低原始影像的像元空间分辨率，使得在较小的影像范围内，保持地面范围不变。平滑减少了影像中存在的噪声信息。将原始图像分解成许多不同空间分辨率的子图像，高分辨率(尺寸较大)的子图像放在下层，低分辨率(尺寸较小)的子图像放在上层，根据影像分辨率和像幅的缩小，形成了一组影像序列，形如金字塔形状，故称为金字塔影像。因此分级匹配又称为金字塔影像匹配策略。由于低通滤波器可以采用高斯滤波器、平均平滑滤波器或者小波函数等，因此常用的金字塔有小波金字塔、高斯金字塔等。

对于一维相关，分频道可采用两像元平均、三像元平均和四像元平均等方法。对于实际的二维影像相关，通过每 2×2=4(或 3×3=9)个像元平均为一个像元构成第二级影像，再在第二级影像基础上构成第三级影像，依次类推，构成金字塔影像(图 3-23 为金字塔影像的示意图)。

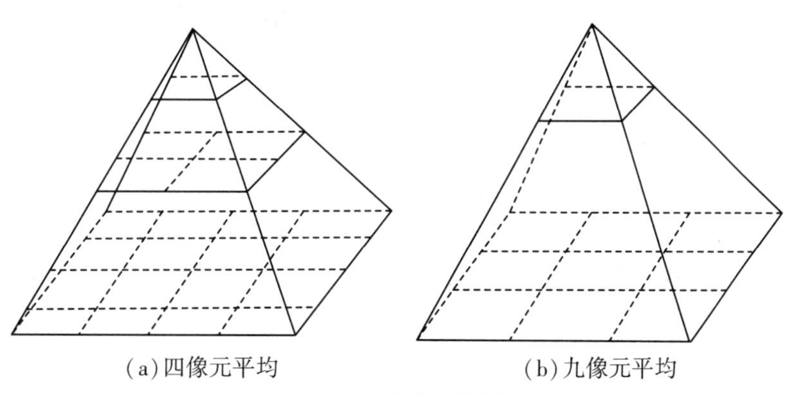

(a)四像元平均　　(b)九像元平均

图 3-23　金字塔影像

采用金字塔最上层影像的初相关，找出匹配位置，并以此作为下一层对应的预测位置，将该层的匹配结果传递到下一层作为初始值。然后把这些匹配结果用作控制使用，对其他特征点进行匹配。由于金字塔分解的误差传递性，在每一级匹配中都需要一个控制策略来保证匹配的正确性。此时搜索区域的位置和范围已经可以基本确定，保证了影像搜索过程中的可靠性。最后逐步过渡到金字塔影像中底层的原始影像中，在搜索区中进行影像相关。

金字塔顶层影像保存了原始影像的主要结构信息，过滤了细节和噪声信息，匹配的可靠性较高。与原始影像逐点搜索比较，由粗到精的匹配过程中搜索区域范围缩小，减少了计算的复杂度。

2) SIFT 匹配

SIFT(Scale Invariant Feature Transform，即尺度不变特征变换)算子由英国剑桥大学的 David G. Lowe 教授于 1999 年首次提出(图 3-24)，并于 2004 年将该算法完善并进行总结。该算法是当前研究最多的一种局部特征匹配算法。由于其算法对平移、旋转、缩放、亮度变化保持不变性，对于视角变化、仿射变化、噪声而言，SIFT 算法也保持了一定程度的稳健性，同时还具有独特性好，信息量丰富，多量性、高速性以及可扩展性等特点。Mikolajczyk 和 Schmid 针对不同场景，对光照明暗的变化、影像几何变化、分辨率大小的不同、旋转角度的不同、模糊程度以及影像压缩等 6 种情况，利用多种描述子(如 SIFT，矩不变量，尺度不变，仿射不变等 10 种描述子)进行了实验和比较，结果表明 SIFT 特征最稳定，性能最佳。

图 3-24　剑桥大学 David G. Lowe 教授

SIFT 特征描述子的提取过程如下：

(1)建立尺度空间中的高斯金字塔影像序列。

通过原始影像大小，确定尺度空间中影像组的个数，即高斯金字塔的组数。第一组第一层采用对原始影像两倍升采样方式获取，剩余组第一层影像，都利用上一组的影像采用降采样方式获得。

然后确定每组的层数，选择具有尺度不变性的高斯模糊函数以及经验估值，由尺度公式，推导出该组不同层影像的尺度，以及用高斯模糊函数卷积方式获得影像，最终生成尺度空间的影像序列。

(2)建立差分高斯(Difference of Gaussians)金字塔影像序列。

由建立的尺度空间的影像序列，每组相邻两层之间相减得到 DOG 影像序列。

(3)寻找尺度空间中差分高斯金字塔影像序列的灰度极值点。

判断 DOG 金字塔影像中灰度极值点，并得到其位置。

(4)精确定位极值点位置。

由获得的极值点位置和 DOG 影像中的灰度信息，拟合出最佳极值点的位置，并进行迭代运算，迭代次数的经验值为 5 次。

(5)剔除边缘点。

利用 Hessian 矩阵，计算特征值的比值关系，借此剔除边缘效应明显的极值点。

(6)计算极值点的主方向。

由极值点附近的 DOG 影像中的灰度信息，计算极值点一定范围附近的梯度方向，并以每 10°为一个方向，作直方图统计，经过两次[0.25，0.5，0.25]的直方图平滑，再得到统计次数最高的方向，以及记录超过最高方向的统计次数 80%的方向(包含统计次数最高的方向)，并内插拟合出最佳方向作为极值点的主方向，所以同一个特征点可能记录不止一个方向，可能包含一个主方向以及一到多个辅方向。

(7)极值特征点的描述。

用 SIFT 特有的 128 维特征空间描述 SIFT 特征点，按不同的方向旋转，得到旋转后的影像，再按照尺度的不同，将特征点周围选定一个区域大小，将区域划分为 4×4 的子区域，计算子区域中各像素的梯度信息，并分解为 8 个方向，每 45°为一个方向的直方图。于是可以得到 16 个 8 方向的直方图，也就是 128 维的向量。

再对 128 维向量归一化，针对向量的分量中，超过 0.2 的值截取为 0.2，保证光照亮度的不变性，再做一次 128 维向量的归一化，得到标准 SIFT 极值特征点的描述。

(8)SIFT 特征匹配。

SIFT 匹配算法采用的是次邻近距离比值法，来判断高维向量的匹配程度。最直接实现的方法是穷举两两特征点配对的组合，计算两两特征点之间的最邻近距离和次邻近距离之比，如果比值越大，则说明匹配的同名点的可靠性越高；如果比值越小，则说明匹配的同名点可靠性越低。以此设定合适的阈值，小于阈值视为非同名点，大于阈值视为同名点。当阈值越大，同名点可靠性越高，点数越少；反之，同名点可靠性越低，点数越多。另有通过 k-d 树搜索的方法，减少了穷举法的计算量，来计算次邻近距离。

3)误匹配点的剔除

由于影像匹配方法对于不同影像，左右的影像或上下的影像都难免地会出现部分错误的匹配点，而这些错误的匹配点对于后期的平差处理有很大的影响，因此必须尽量地减少或消除这些错误的匹配点。

为了提高配准点的可靠性，减少错误匹配出现的概率，需要对匹配得到的配准点作筛选处理，去除可能存在的误匹配点。一般而言，可采用不同的相似性测度对配准点作筛选，如采用距离相似性测度得到的配准点，可以再通过灰度相似性测度来甄别，以减少误匹配点的情况。

目前采用比较多的筛选算法由 Fischler 和 Bollles 最先提出的随机采样一致性 RANSAC 算法(Random Sample Consensus)。还可以根据计算出来的特征点，运用相关系数法进一步判断匹配点对的正确性和精确度。由于每个特征点都有其主方向，而同名点对的主方向相差较小，所以可根据主方向法进行匹配错误点剔除。

习题和思考题

1. 什么是相机的光圈及光圈系数？作用是什么？

2. 什么是摄影机的快门？作用是什么？

3. 在无人机实际工作航拍时，对于相机的光圈、快门和 ISO 的使用，一般有什么建议？

4. 什么是相对航高？什么是绝对航高？两者之间有什么关系？

5. 某测绘部门承担了一个测区的数字航空摄影任务，航摄比例尺为 1∶5000。测区海拔高度最低点为-27m，最高海拔为 227m。选用高精度数码航摄仪 DMC，焦距为 120mm，相幅宽 92mm，高 166mm。依据项目需求，计算摄影基准面、相对航高、绝对航高，单位：m。

6. 用某低空无人机小数码进行航拍，摄影比例尺为 1∶2000，相对航高为 100m，那么其摄影焦距 f 是多少？单位：mm。

7. 对于像片重叠度，利用无人机进行航拍时，竖直摄影一般要求是多少？倾斜摄影一般要求是多少？

8. 什么是像片的旋偏角？

9. 像方空间坐标系有哪三个？分别是怎么定义的？

第 4 章　无人机航迹规划和像控点测量

4.1　无人机航迹规划

4.1.1　无人机航迹规划的定义

航迹规划是指在一些特定的约束条件下，寻找运动体从起始点到目标点满足某些性能指标最优的运动轨迹。因此可得到无人机航迹规划的定义：是指在综合考虑无人机机动性能、碰地概率、突防概率、油耗、威胁和飞行时间约束等各种因素下，找到一条从起始点到目标点的最优或最佳的可行飞行轨迹。

利用航迹规划技术来完成任务规划问题与利用一般传统方法相比，航迹规划技术具有下列优点：

(1)航迹规划技术充分利用了预先得到的地形信息，故而最终的规划航迹具有更好的安全性，从而无人机在完成任务时，安全性更高。

(2)在航迹规划时，飞行器有很多飞行性能约束，必须进行充分考虑，并且把这些因素加入规划过程中，保证规划的最终航迹是满足任务要求的航迹。

(3)在航迹规划时考虑了飞行器燃料制约、规划环境中的禁飞区域限制等其他因素，利用航迹规划技术，可以使无人机完成任务所花费的代价较小，得到的航迹可靠性高。

无人机航迹规划的目的是要找到一条最佳的飞行航迹，要尽量降低自身可能撞地的概率，同时还要求满足无人机的各种约束条件。而这些因素之间通常是相互配合的，若改变其中的某个因素通常会引起其他因素的变化，因此在无人机航迹规划过程中需要协调各种因素之间的关系。具体说来，无人机航迹规划需要考虑以下一些因素。

1. 无人机性能要求

航迹规划过程中必须考虑到无人机的性能约束，否则即使航迹规划得再好，由于受到无人机性能的约束，无人机也不可能按规划的航迹进行飞行。无人机的性能限制对航迹的约束主要有：

(1)最大转弯角：它限制生成的航迹只能在小于或等于预先确定的最大角度范围内转弯。该约束条件取决于无人机的性能和飞行任务。

(2)最大爬升/俯冲角：由无人机自身的机动性能决定。它限制了航迹在垂直平面内上升和下滑的最大角度。

(3)最小航迹段长度：它限制了无人机在开始改变飞行姿态之前必须直飞的最短距

离。为减小导航误差，飞行器在远距离飞行时一般不希望迂回行进和频繁的转弯。

(4)最低飞行高度：在通过敌方防御区时，需要在尽可能低的高度上飞行，以减少被敌防空武器系统探测到并摧毁的概率。但是飞得过低往往会使得与地面相撞的坠毁概率增加。一般在保证离地高度大于或等于某一给定高度的前提下，使飞行高度尽量降低。此外，无人机航迹规划还必须考虑无人机的燃料限制和射程约束。

2. 实时性要求

在无人机航迹规划过程中，如果预先已经掌握了无人机规划区域内完整精确的环境信息，可规划出一条自起点到终点的最优航迹。但由于任务的不确定性，无人机常常需要临时改变飞行任务。在这些情况的干扰下，预先在地面规划出的航迹不可能满足要求。当环境的变化区域不大时，可通过局部更新的方法进行航迹在线再规划。如果无人机周围环境的变化区域较大时，则无人机必须具备实时在线规划功能。

4.1.2　航飞参数确定

1. 确定航摄高度

无人机倾斜摄影的飞行高度是航线设计的基础。航摄高度需要根据任务要求选择合适的地面分辨率，然后结合倾斜相机的性能，由式(3-5)得到航高如下：

$$航高=影像精度\times\frac{焦距\times图像最大尺寸}{传感器尺寸} \tag{4-1}$$

考虑到

$$像元大小=\frac{传感器尺寸}{图像最大尺寸}$$

因此，航高也可以改写为如下形式：

$$航高=\frac{影像精度\times焦距}{像元大小} \tag{4-2}$$

【例4-1】 已知大疆DJI精灵4 Pro的相机像元大小为4.3μm，焦距为9mm，要求地面分辨率GSD不大于5cm，求设计航高。

解：根据式(4-1)，有

$$航高=\frac{0.05\times9.0}{0.0043}=104.8\text{m}$$

2. 确定摄影基准面与绝对航高

$$A=\frac{摄区地面最高处高程+摄区地面最低处高程}{2} \tag{4-3}$$

$$绝对航高\ H_0=摄影基准面\ A+相对航高\ H_T \tag{4-4}$$

【例4-2】 某测区数字航空摄影，航摄比例尺为1∶5000。测区海拔高度最低点为-27m，最高海拔为227m。选用高精度数码航摄仪DMC，焦距为120mm，相幅宽92mm，高 166mm。依据项目需求，试计算摄影基准面、相对航高、绝对航高。

解：根据式(4-3)，有

$$摄影基准面\ A=\frac{-27.0+227.0}{2}=100.0\text{m}$$

$$相对航高\ H=120\times5000=600.0\text{m}$$

$$绝对航高\ H=600+100=700.0\text{m}$$

还需要注意的是，根据《低空数字航空摄影规范》(CH/Z 3005—2010)中的规定，航高要求如下：

(1)相对航高一般不超过 1500m，最高不超过 2000m。

(2)绝对航高满足平原、丘陵等地区使用的超轻型飞行器航摄系统和无人飞行器航摄系统的飞行平台升限应不小于海拔 3000m，满足高山地、高原等地区使用的超轻型飞行器航摄系统和无人飞行器航摄系统的升限应不小于海拔 6000m。

(3)同一航线上相邻像片的航高差不应大于 30m，最大航高与最小航高之差不应大于 50m，实际航高与设计航高之差不应大于 50m。

4.1.3　航摄重叠度的设置

《低空数字航空摄影规范》(CH/Z 3005—2010)规定："航向重叠度一般应为 60%~80%，最小不小于 53%；旁向重叠度一般应为 15%~60%，最小不小于 8%。"在无人机倾斜摄影时，旁向重叠度是明显不够的。不论航向重叠度还是旁向重叠度，按照算法理论建议值是 66.7%。可以区分为建筑稀少区域和建筑密集区域两种情况进行介绍。

1. 建筑稀少区域

考虑到无人机航摄时的俯仰、侧倾影响，无人机倾斜摄影测量作业时在无高层建筑、地形地物高差比较小的测区，航向、旁向重叠度建议最低不小于 70%。要获得某区域完整的影像信息，无人机必须从该区域上空飞过。以两栋建筑之间的区域为例，如果这两栋建筑由于高度对这个区域能形成完全遮挡，而飞机没有飞到该区域上空，那么无论增加多少台相机都不可能拍到被遮区域，从而造成建筑模型几何结构的粘连。

2. 建筑密集区域

建筑密集区域的建筑遮挡问题非常严重。航线重叠度设计不足、航摄时没有从相关建筑上空飞过，都会造成建筑模型几何结构的粘连。为提高建筑密集区域影像采集质量，影像重叠度最多可设计为 80%~90%。当高层建筑的高度大于航摄高度的 1/4 时，可以采取增加影像重叠度和交叉飞行增加冗余观测的方法进行解决。如著名的上海陆家嘴区域倾斜摄影，就是采用了超过 90%的重叠度进行影像采集，以杜绝建筑物互相遮挡的问题。影像重叠度与影像数据量密切相关。影像重叠度越高，相同区域数据量就越大，数据处理的效率就越低。所以在进行航线设计时还要兼顾二者之间的平衡。

3. 区域覆盖设计

"航向覆盖超出摄区边界线应不少于两条基线。旁向覆盖超出摄区边界线一般不少于像幅的 50%”，这是原规范在航摄区域边界覆盖上的保证，但在无人机倾斜摄影时是明显不够的。理论上，需要目标区域边缘地物能出现在像片的任何位置，与测区中心地区的特征点观测量一样。考虑到测区的高差等情况，可以按照式(4-5)来计算航线外扩的宽度：

$$L = H_1 \times \tan\theta + H_2 - H_3 + L_1 \tag{4-5}$$

式中：L 为外扩距离；H_1 为相对航高；θ 为相机倾斜角；H_2 为摄影基准面高度；H_3 为测区边缘最低点高度；L_1 为半个像幅对应的水平距离。

当然，可以简单地向外扩 1~1.5 倍相对航高的宽度，或超出界线外飞 2~3 条航线。

4.1.4　地面分辨率与成果精度

1. 地面分辨率的选择

当我们把相机拍摄出来的照片一直放大，发现原来的影像都是由很多个小方格组成的。实际上一个小方格就是一个栅格，它代表了实际物体的大小，这就是地面分辨率(GSD)。如图 4-1 所示。

图 4-1　地面分辨率示意图

对于测绘地形图来说，分辨率越高，意味着影像越清晰，也就是精度越高。因此，测图人员希望分辨率越高越好。

但是，也容易理解，分辨率越高，航高越低，意味着工作效率越低，照片数量越多，内业数据处理量越大，反之亦然。

因此，在航测生产过程中需要进行平衡处理。表 4-1 列出了它们之间的关系。

表 4-1　**航摄比例尺、测图比例尺与 GSD 之间的关系表**

比例尺类型	航摄比例尺	测图比例尺	地面分辨率(GSD)(cm)
大比例尺	1：2000~1：3500	1：500	5
	1：3500~1：7000	1：1000	6~10
	1：7000~1：14000	1：2000	15~20

2. 分辨率与最终成果精度的关系

倾斜摄影测量的最终成果是三维模型和线划图，其误差累积来自空三误差(刺点误差，控制点的分布因素）和立体采集（人为经验误差）的影响。一般情况下，平面精度是分辨率的1.5~2倍，高程精度是分辨率的2~3倍。当然这只是一个经验值，每次的成果会受到不同的地形地貌、照片分辨率、控制点的分布、人为误差累积的影响。

在三维建模里面，模型的精度一般是正摄相机地面分辨率的3倍左右，比如正摄相机拍摄的分辨率是1.5cm，模型精度就是4.5cm左右。所以这是现在利用模型做1∶500的图，正射相机拍摄的照片的分辨率要求在1.5cm左右的原因。

4.1.5 航摄参数及任务估算

航摄参数及任务估算涉及的计算式如下：

（1）相对航高 $H_{相}$ = 摄影比例尺分母 m×物镜焦距 f；

（2）摄影基准面高度 $h_{基}$ =（测区高点平均高程+测区低点平均高程）/2；

（3）绝对航高 $H_{绝}=H_{相}+h_{基}$；

（4）航向重叠度与旁向重叠度 $q_x=\frac{l_x}{L_x}\times 100\%$，$q_y=\frac{l_y}{L_y}\times 100\%$；

（5）最高、低点航向重叠度 $=q_x+(1-q_x)\times(h_{基}-$最高、低点$)/H_{相}$；

（6）最高、低点旁向重叠度 $=q_y+(1-q_y)\times(h_{基}-$最高、低点$)/H_{相}$；

（7）基线长度 B = 影像宽度×$(1-q_x)$×摄影比例尺分母 m；

（8）航线间隔 D = 影像高度×$(1-q_y)$×摄影比例尺分母 m；

（9）分区航线条数 = 分区宽度/航线间隔 D；

（10）每航线影像数 = 每航线长度/基线长度 B；

（11）分区总像片数 = 每航线影像数之和；

（12）总模型数 = 总航片数－航线数。

【例4-3】 某测区地势西北高东南低，东西宽约13km，南北长约30.6km，测区面积约400km²。计划进行该市1∶4000数字航空摄影。测区海拔高度最低点为1m，最高海拔为150m。选用高精度数码航摄仪DMC，焦距为120mm，相幅宽92mm，高166mm。依据本次航摄任务的实际情况确定航向重叠度为65%，旁向重叠度为30%。

求摄影基线长度 B，航线间隔 D，摄影区航线总条数，每条航线影像数，摄区总像片数。

解：（1）基线长度 $B=92\times(1-0.65)\times4000=128.8$m；

（2）航线间隔 $D=166\times(1-0.30)\times4000=464.8$m；

（3）摄影区航线总条数 = 30.6×1000/464.8 = 66；

（4）每条航线影像数 = 13×1000/128.8 = 101；

（5）摄区总像片数 = 101×66 = 6666。

4.2 航迹规划流程

航迹规划由资料准备、航线设计和参数检查三个部分组成。航迹规划设计流程图如图4-2所示。

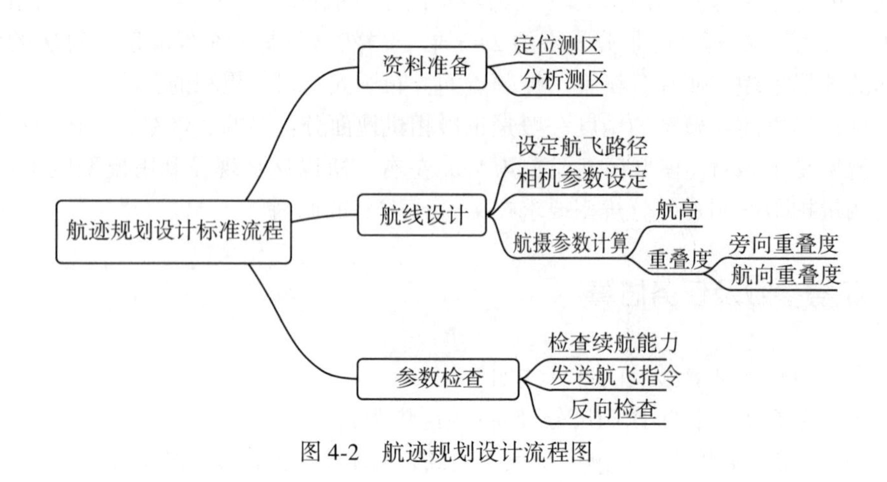

图 4-2　航迹规划设计流程图

4.2.1　资料准备

进行倾斜摄影时，首先需要收集并分析航飞基本资料，明确任务测区基本情况，然后依据任务区域的形状和地形情况等划定建模范围，最后确定航飞范围。

1. 收集测区资料

(1)测区行政区划图或其他纸质用图；
(2)能够导入手簿或计算机适合航线规划的电子地图；
(3)控制点坐标、高程资料；
(4)有关飞机性能资料；
(5)有关相机参数资料；
(6)测图精度指标。

2. 测区踏勘确定测区范围

通过测区踏勘，了解测区范围、面积大小、界线形状、地形情况和植被情况，分析上述资料的可用性和准确性。为了保证任务边缘三维模型的质量和效果，建模范围至少要超出任务区域外侧 1.5 个航高的距离。任务区域、建模范围与飞行范围如图 4-3 所示。

4.2.2　航线设计

1. 航线设计工作内容

(1)根据地形和界线范围选择飞机起飞点，确定航线方向；
(2)根据航飞天气确定相机相关参数；
(3)根据测图精度确定地面分辨率(GSD)；

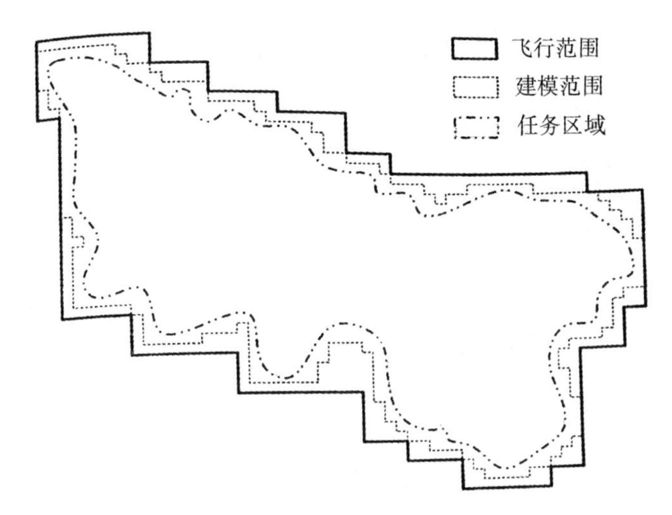

图 4-3 任务区域、建模范围与飞行范围示意图

(4)根据 GSD 计算航高；

(5)根据 GSD 计算航向和旁向重叠度；

(6)确定航飞时间；

(7)计算航飞参数与任务量。

2. 航线设计涉及 GSD、相机质量、飞机类型的建议要求

1)影像 GSD、飞机类型与搭载的相机

(1)影像 GSD 要求在 2cm/px，建议选择多旋翼无人机和双相机三相位摆动式或者五镜头相机倾斜摄影系统。

(2)影像 GSD 要求在 5cm/px，建议选择固定翼无人机和双相机固定式倾斜摄影系统。

2)重叠度设计建议

与常规无人机垂直航空摄影重叠度要求相比，倾斜摄影要加大。依据实际三维建模效果，如使用五相机或双相机三相位摆动式倾斜摄影系统，一般航向重叠度要达到 80%，旁向重叠度达到 60%，在建筑物密集测区，旁向重叠度应提高到 70%以上。

倾斜摄影航线敷设和飞行方法主要建议如下：

(1)标准航线飞行：航向重叠度 80%，旁向重叠度 60%左右，S 形航线，单次飞行。适用于固定翼或多旋翼无人机+五镜头相机，或采用多旋翼无人机+双相机摆动式，见图 4-4。

(2)加密航线飞行：航向重叠度 80%，旁向重叠度 80%左右，S 形航线，单次飞行。适用于固定翼或多旋翼无人机+固定倾斜角度的双相机系统，见图 4-5。

(3)双加密航飞：航向重叠度 80%，旁向重叠度 80%左右，S 形航线，两次飞行。适用于固定翼或多旋翼无人机+固定倾斜角度的单相机系统，见图 4-6。

采用这种航飞设计，虽然飞行效率低下，但性价比高。由于只需安装一台相机，降低了对无人机载荷和机舱尺寸的要求，可以使用普通的超轻型固定翼无人机，手抛起飞、短距滑降，提高了使用和操控的便利性。

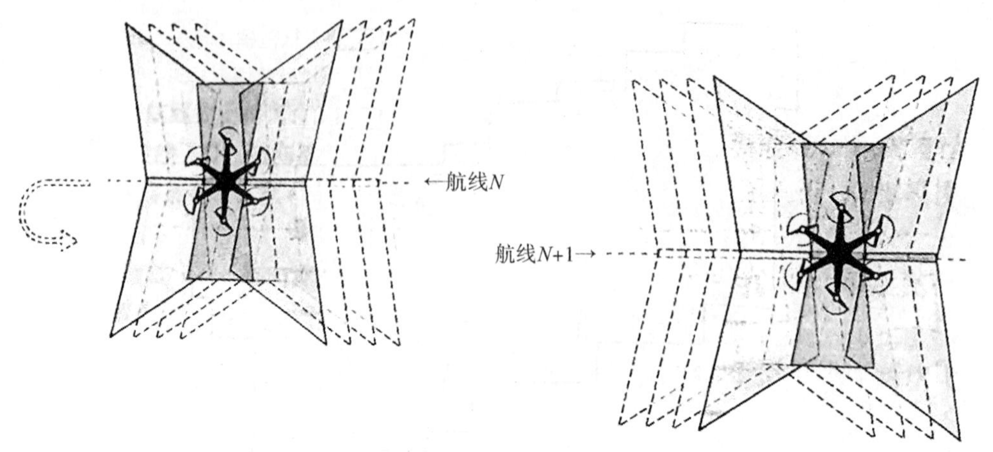

图 4-4　多旋翼无人机+双相机三相位摆动式示意图

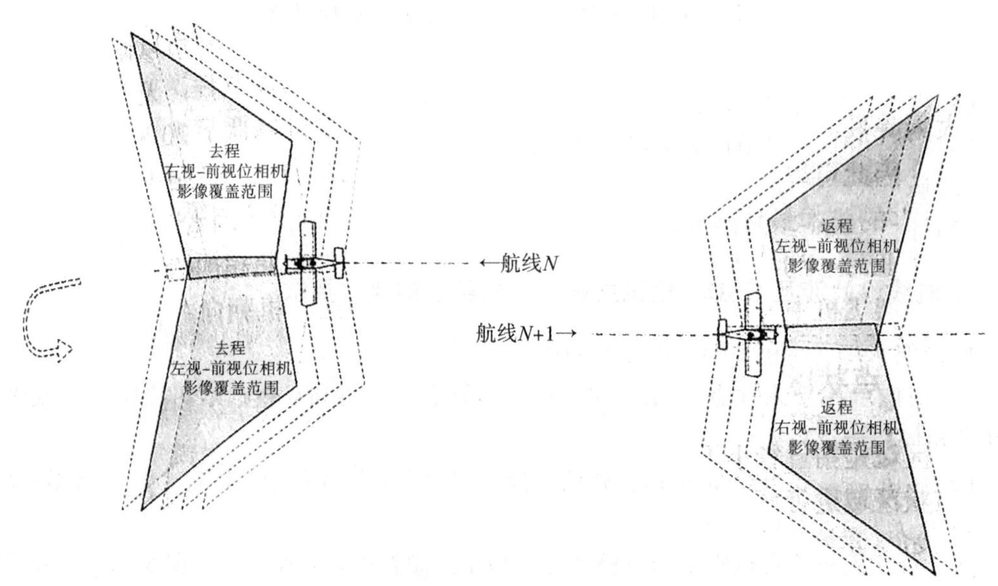

图 4-5　固定翼无人机+固定倾斜角度双相机+单次飞行

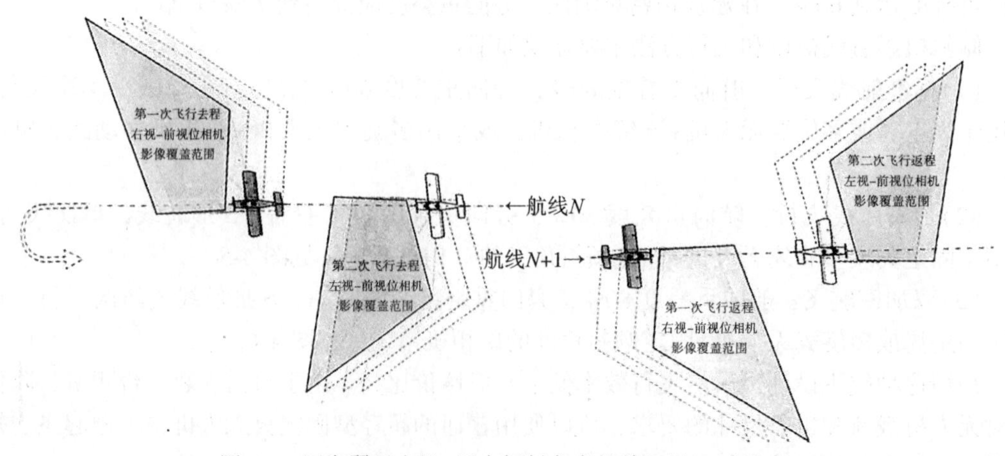

图 4-6　固定翼无人机+固定倾斜角度的单相机+2 次飞行

(4)环绕航线飞行：对于固定地点或单体建筑物等小面积的倾斜摄影，可采用标准航线飞行；也可采用手动环绕飞行的模式，照片的重叠度和航线位置则依据建模要求和效果等经验值进行设置。

(5)手控飞行：当对被摄区域或建筑物等三维建模有更多需求时，如低空、近距离、沿街道、无死角、高精细度等特殊要求时，采用此方法。

3)航线设计建议与示例

按照标准航线飞行，航线一般沿东西方向敷设和飞行，但主要还是要结合测区界线范围的形状、风向等。

无论采用何种类型无人机及搭载什么样的相机，同一航线上要保证在同一曝光点位置附近有四张朝向不同的倾斜影像，以满足倾斜摄影三维建模计算时对照片数量和方向的要求。因此，从这个意义上说，五镜头倾斜相机是首选。

(1)矩形航线设计，东西向飞行，见图4-7。

(2)单体建筑环绕飞行设计，逆时针环绕飞行，见图4-8。

(3)带状区域平行方向标准航线飞行的航线敷设，见图4-9。

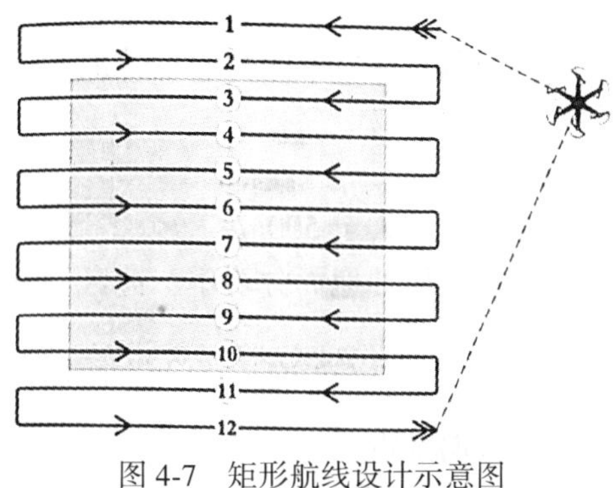

图4-7　矩形航线设计示意图

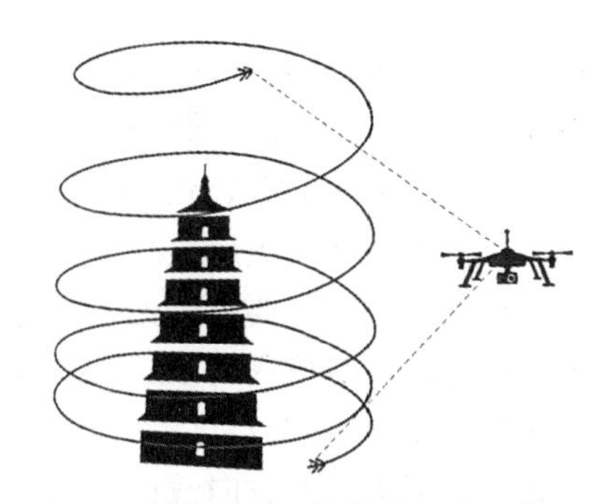
图4-8　单体建筑环绕航线设计示意图

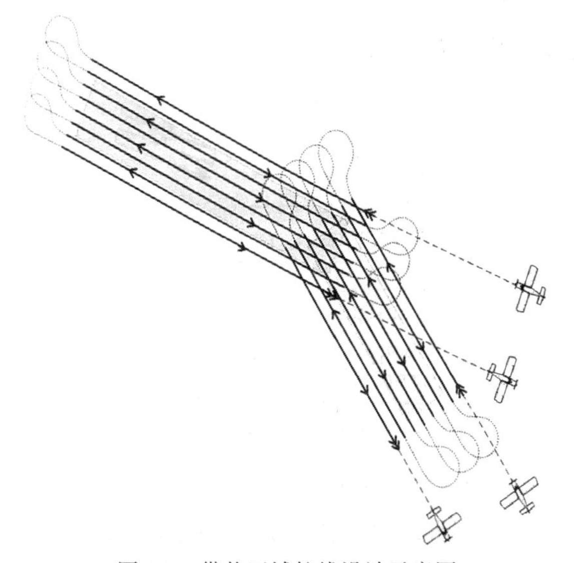
图4-9　带状区域航线设计示意图

(4)当带状区域弯曲较大，区域地形条件复杂，三维模型精度要求高于 10cm 时，应当采用多旋翼无人机按照标准航线飞行的方法，沿矩形区域长边方向或垂直于线状地物的方向敷设航线进行倾斜摄影，见图 4-10。

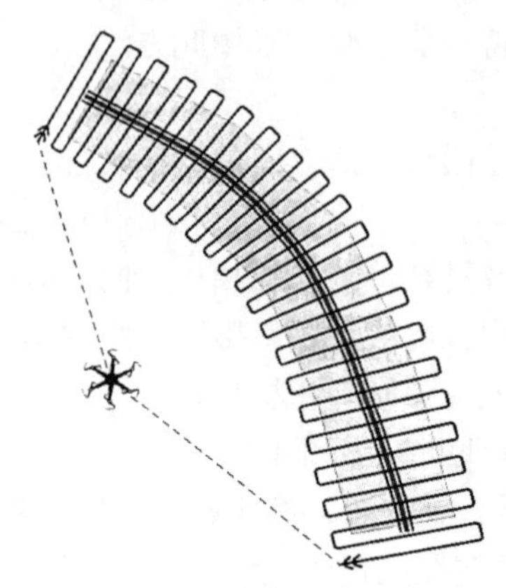

图 4-10　带状弯曲垂直航线设计

对带状区域进行倾斜摄影时，注意的是带状区域的覆盖宽度要达到一定数值，一般应达到 500m 以上，以保证三维建模计算的顺利执行。

(5)面状区域的航线设计，主要注意以下几个方面：

①飞行范围尽量为矩形或凸多边形，多边形的最小边长大于 500m；

②飞行分区的划分要根据无人机的有效续航里程和影像的地面分辨率，分区的宽度一般为无人机有效续航里程的 1/2 或 1/4；

③航线数量应为双数；

④航线一般沿东西方向敷设或沿面状区域的长边方向敷设；

⑤实际飞行范围要超出摄区范围边界 1.5 倍航高的距离；

⑥实际航高应超过分区内最高点高程 50m 以上。

如图 4-11 所示为多边形区域航线设计示意图。

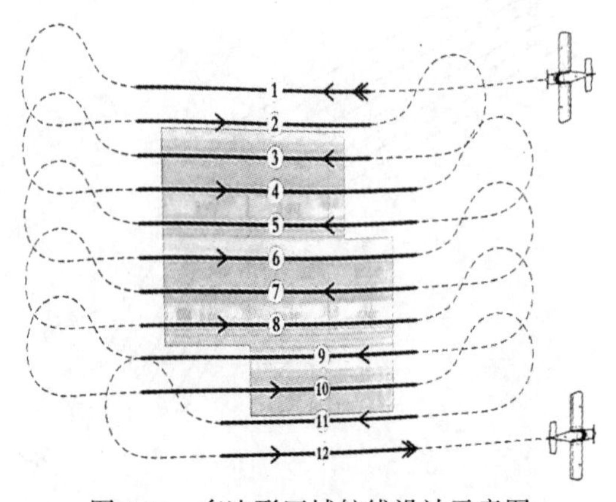

图 4-11　多边形区域航线设计示意图

(6)当最后成果是三维模型时，为了提高模型精细度，三维建模拍摄模式可以采用图4-12所示进行航摄规划。

①针对单个建筑：环绕飞行(图4-12(a))；

②较复杂建模，为了减少空洞，提高精细度，建议分层交叉飞行(图4-12(b))。

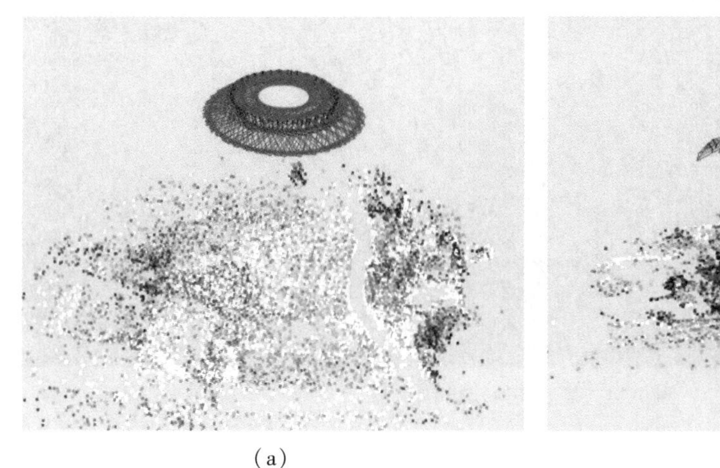

(a)

(b)

图4-12　三维模型飞行规划设计示意图

3. 变航高航迹规划设计

当航摄范围内的相对高差较大时(如图4-13所示为地形起伏变化示意图)，其实际GSD与按照基准面设计的GSD就会不一致，当GSD相差过大时影响模型的成果精度。为了解决这种问题，需要专门结合地形，设计一种变高航线，最大限度做到以相对较低且一致的航高获取测区内GSD相对一致的倾斜数据，满足用户对于高精度、高分辨率的需求。如图4-14所示。

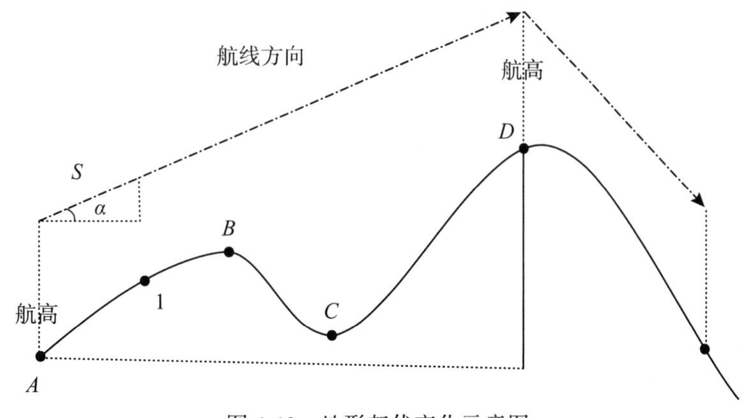

图4-13　地形起伏变化示意图

图 4-14　变航高航线设计

4. 倾斜摄影分区划分原则

当倾斜摄影飞行范围较大时，一般应将飞行范围划分为若干航摄分区，以便设计飞行航线和对任务进行分工。

航摄分区的划分主要考虑几个方面：一是无人机类型及续航里程；二是影像地面分辨率与三维建模处理系统的性能；三是摄区相对高差。

(1)无人机类型及续航里程。

①在无人机飞行作业时，飞机起降一般都在同一地点，为了有效利用有效作业里程，航线设计一般采用双数敷设，航线尽可能长，且采取往返飞行。

②航线设计长度一般按有效作业里程的 1/2，1/4，1/6 或 1/8 等设计。同时，航摄分区还应考虑无人机的有效通信及控制距离，确保无人机安全。

例如，一多旋翼无人机的续航时间为 20min，有效作业时间按 15min(900s)、巡航速度按 7.5m/s 计算，单架次的续航里程一般可以达到 6750m，扣除升降、转弯减速等因素的影响(10%)，有效作业里程可以达到 6000m，因此，最大航线长度不应超过 3000m。

(2)影像地面分辨率与三维建模处理系统的性能。

①影像地面分辨率的高低，决定了倾斜照片的数量。

综合考虑目前常用倾斜摄影三维建模系统的处理能力和处理效率，建议每次同时进行三维建模计算的照片数量应控制在 25000 张以内。这就要求在进行航摄分区划分时考虑后续进行三维建模计算时所使用的软件系统和硬件系统的能力，使得每次三维建模计算的照片数量(计算分区)与航摄分区范围尽量匹配。

②一般 2cm/px 分辨率的航摄分区范围最大不超过 $5km^2$；5cm/px 分辨率的航摄分区范围最大不超过 $25km^2$。

③在满足最高点重叠度的前提下，最高点、最低点与基准面分辨率不超过 1.5 倍为

宜。如果超过 1.5 倍，建议分区进行航摄。

(3)航摄时需要顾及地表高差影响，高差(包含建筑物)大于 1/4 相对航高时，建议分区进行航摄。

当然，为了简化航线设计，一般采用航线设计软件或飞控软件的航线自动设计功能，飞行范围依据测区，并按直线敷设航线。

上述工作可通过航飞规划软件进行现场设计，如图 4-15 所示。

此外，也可以根据摄影测量相关公式，采用编程语言编写，如图 4-16 所示。

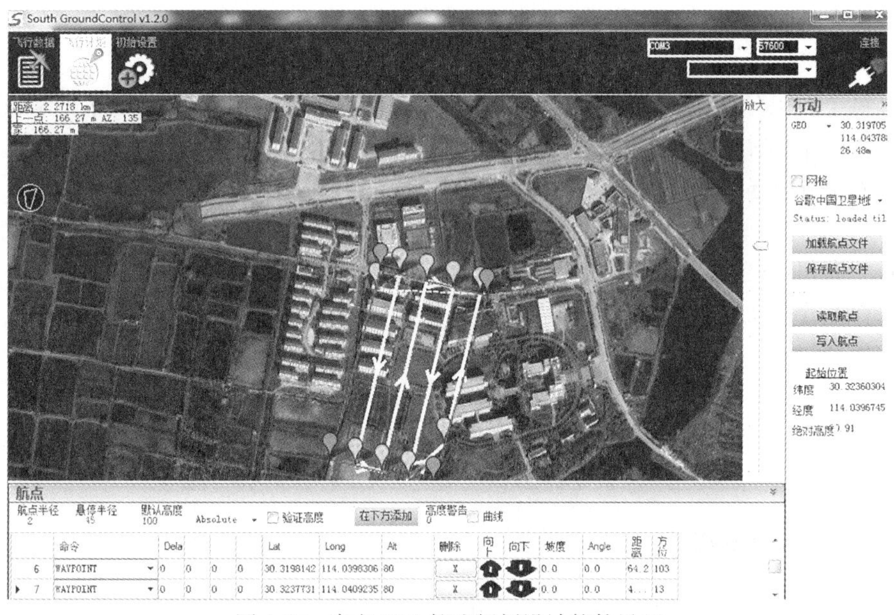

图 4-15　南方 SGC 航迹规划设计软件界面

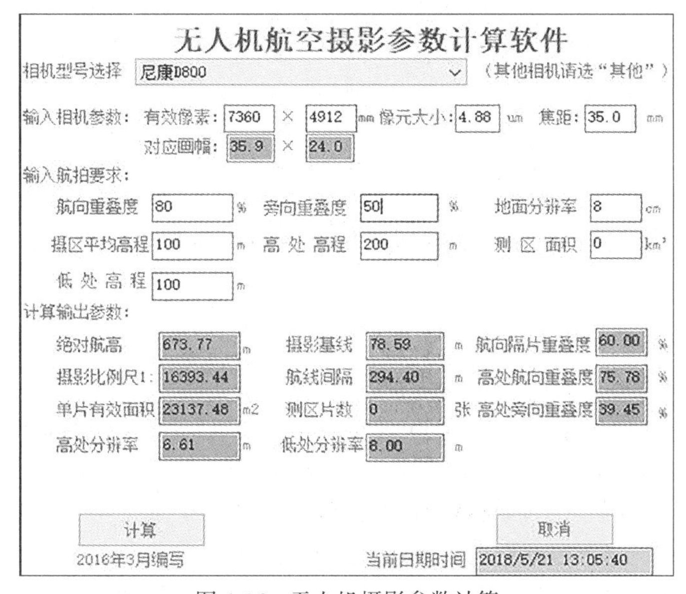

图 4-16　无人机摄影参数计算

4.2.3　参数检查

航飞检查如下：

(1)检查电池是否满足航飞时间要求；

(2)检查相机是否正确连接和正常工作；

(3)检查存储卡是否正常；

(4)检查飞控装置是否正常；

(5)检查遥控装置是否工作正常。

航飞工作建议：

(1)每个航摄分区应统一进行航线设计，用在同一航线设计文件中删除多余航线的方法确定每架次的飞行参数文件。

(2)外出作业至少应配备 10 组电池，或配置便携式发电机现场充电，以提高作业效率。

(3)无人机起降场地应尽量靠近摄区，以减少无效飞行距离。

(4)作业小组 123 配置：1 辆 SUV 汽车，2 架多旋翼无人机，3 名成员(地勤、飞手、助理)。

倾斜摄影测量是近几年发展起来的新技术，其作业模式和作业方法还在不断地探讨和实践中，下面是部分企业的工作经验总结，可供参考。

1. 无人机选择

倾斜摄影三维模型的质量主要取决于两个因素：一是影像质量(影像地面分辨率和影像清晰度)，二是照片数量(对同一区域的照片覆盖度)。从实际建模效果来看，要想获得完整清晰、可供高精度量测的三维模型，建筑区倾斜影像的分辨率要达到 2~3cm，一般地区要达到 5~6cm，像片的平均覆盖度要达到 40%重叠以上。

因此，六旋翼无人机是进行建筑区倾斜摄影的首选，一般地区的倾斜摄影则可选择小型电动垂直起降固定翼无人机。无人机的有效载荷为 1~2kg，续航时间 30~90 分钟，相对飞行高度为 300m 左右。

2. 用不同数量相机模拟五相机结构进行倾斜摄影试验的主要结论

(1)建模效果与相机数量无关，但与照片数量和相邻航线飞行的间隔时间相关。

(2)下视相机不是必需的，因为真正射影像是由三维模型的正投影生成的。下视相机的作用与其他方位相机的作用相似。

(3)倾斜相机的角度在 20°~30°较为合适。45°倾斜角安置的相机的照片边缘分辨率过低。

(4)采用双相机、三相位摆动结构的倾斜摄影系统综合性价比最优。双镜头摆动式倾斜摄影系统仅用两台相机就达到了固定式五镜头相机的效果，系统结构简单、成本低、重量轻、维修使用方便，是多旋翼无人机倾斜摄影的首选。

3. 航线设计

(1)如使用多旋翼无人机和双镜头摆动式倾斜摄影系统进行建筑区2cm分辨率的倾斜摄影，航线设计的基本要求是：

①航摄分区尽量为矩形，航线沿矩形区域长边方向敷设，实际飞行范围应超出任务范围1个航高，分区内地形高差小于1/2航高；

②航线数量为双数且不少于6条，单航线最大长度按多旋翼无人机有效续航里程的40%计算；

③相对航高平均按100m设计，当航摄分区内有超过30m的建筑物时，最小相对航高应按100m加上建筑物高度计算；

④航向重叠度大于75%，旁向重叠度大于60%。

(2)如使用双相机和固定翼无人机对普通地区进行5cm分辨率的倾斜摄影，航线设计的基本要求是：

①航摄分区尽量为矩形，沿矩形区域长边方向和短边方向分别敷设航线，呈格网状(按十字交叉飞行)，实际飞行范围应超出任务范围1个航高，分区内地形高差小于1/2航高；

②航线数量应为双数且不少于6条，单航线最大长度按无人机有效续航里程的40%设计，最大长度不超过5500m；

③相对航高平均按300m设计，最小相对航高应高于摄区内其他构筑物100m以上；

④航向重叠度大于75%，旁向重叠度大于60%。(注：视相机参数和具体环境而定)

4.2.4 无人机航迹规划介绍

下面以大疆精灵系列无人机为例，主要介绍使用Pix4Dcapture软件进行无人机正射和倾斜三维影像数据获取时的航迹规划。

1. 飞行前准备

先准备一台大疆精灵系列无人机(精灵3和精灵4普通版都可以，如图4-17所示)，在手机或平板电脑上安装对应的DJI Go飞控软件(需要注册一个账号并登录才能使用)，在DJI Go软件中做好常规的设置，比如飞行限高和遥控器操控手等，并确保固件已升级，可以正常飞行。

在手机或平板电脑上安装Pix4Dcapture，这款是免费的App，在行业内使用比较广泛。如图4-18所示。

2. Pix4Dcapture软件介绍

Pix4Dcapture是瑞士Pix4D公司基于深圳大疆、法国Parrot消费级飞行器研发的一款航测数据智能采集软件。软件分为4个模块：Grid(正射影像采集)、Double Grid(三维模型采集)、Circular(热点环绕)、Free Flight(自由飞行)。通过 Pix4D 公司的云处理服务或桌面级专业数据处理软件 Pix4Dmapper，不仅可以制作正射影像图、实景三维模型，还可以构建较为精细的单建筑实景三维模型和建筑立面影像。

图 4-17　大疆精灵 4 RTK 版无人机

图 4-18　DJI Go 软件操控界面

使用 Pix4Dcapture 软件之前，需要先启动 DJI Go 软件，确保无人机可以正常起飞。然后拔出 USB 数据线，重新连接，会出现图 4-19 所示的提示，千万不要勾选“下次默认选择此项，不再提示”，勾了下次就不再提示选择软件了，这里选择 Pix4Dcapture 软件。

启动 Pix4Dcapture 软件，需要先注册并登录 Pix4D 账号，界面如图 4-20 所示。

登录后，选择使用的无人机型号后，弹出任务规划界面，这里提供多种类型的任务规划，如图 4-21 所示。

图 4-21 是 Pix4Dcapture 支持的任务选项，第一个和第二个是正射航迹规划，第三个是三维航迹规划，第四个是环绕飞行，第五个是自由飞行(定时或定距拍照)。就测绘应用而言，正射航迹规划和三维航迹规划应用较多，但 Pix4Dcapture 的三维航线仅飞交叉航线(只飞行 2 遍)，如果需要再飞交叉航线时需要手动设置相机方向。

图 4-19　Pix4Dcapture

图 4-20　注册 Pix4Dcapture

图 4-21　Pix4Dcapture 任务规划界面

Pix4Dcapture 软件正射航迹规划支持多边形和矩形范围规划，其中多边形范围规划比较实用，可以通过手动设置飞行范围，调整参数进行正射航迹规划。如图 4-22 所示。

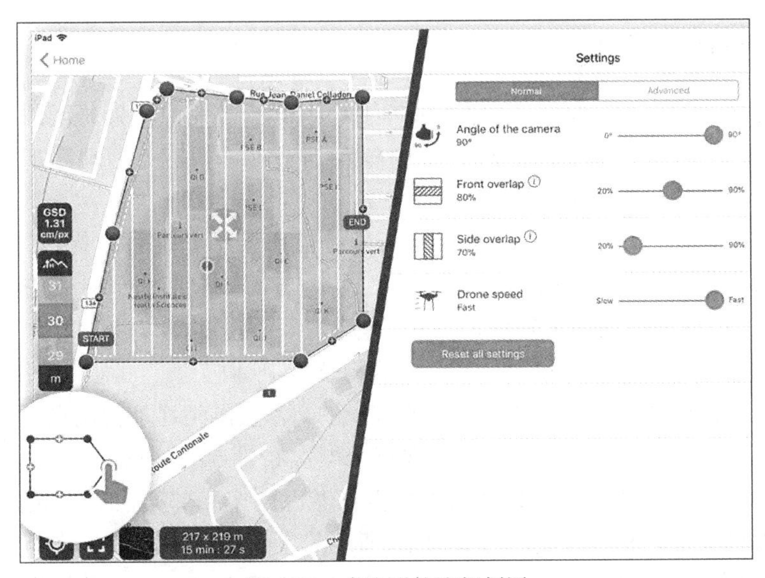

图 4-22　多边形航迹规划图

正射航迹规划时，需要将无人机相机镜头设置成 90°，垂直向下拍摄；设定飞行高度，为保证安全飞行以及影像分辨率，建议飞行相对高度设置在 120m 以内；航向重叠度(front overlap)设置在 70%以上，旁向重叠度(side overlap)设置在 60%以上。设置完成后，保存任务，准备起飞。

Pix4Dcapture 软件进行上述检查后，长按起飞按钮 3 秒，无人机即可自动起飞并按照设定航线进行照片拍摄。以上起飞过程也支持先采用 DJI Go 软件将无人机起飞悬停后，再切换到 Pix4Dcapture 软件进行任务上传，上传后无人机根据设定航线执行飞行任务。

无人机执行飞行任务过程中，通过 Pix4Dcapture 软件可以随时监控无人机位置及状态，是否拍照，飞行过程中电量不足也会自动提醒返航。

飞行任务执行完后，无人机拍摄的照片存储在无人机 SD 卡中，也可以将拍摄的照片下载到手机或平板电脑中检查拍摄效果，还可以直接将 SD 卡中的照片拷贝到电脑上查看。飞行 POS 数据记录在对应的照片文件中。

4.3　无人机像控点布设与测量

控制测量是为了保证空三加密的精度，确定地物目标在空间中的绝对位置。在常规的低空数字航空摄影测量外业规范中，对控制点的布设方法有详细的规定，是确保大比例尺成图精度的基础。倾斜摄影技术相对于传统摄影技术在影像重叠度上要求更高，现在的规范关于像控点布设要求不适合应用于高分辨率无人机倾斜摄影测量技术。无人机通常采用 GPS 定位模式，自身带有 POS 数据，对确定影像间的相对位置作用明显，可以提高空三计算的准确度。

4.3.1　像控点布设

1. 像控点的布设原则

(1)按照摄区面积进行估算。通常 $1km^2$ 内保证 30 个控制点，即每间隔 200~300m 需布设一个平高点。房屋顶部、山(坡)顶、山(坡)脚、鞍部等应相应地增加控制点，从而使数据的精度有进一步的提高。

(2)基于建模软件算法估算。从最终空三特征点点云的角度可以提供一个控制间隔，建议值是按每隔 20000~40000 个像素布设一个控制点，其中有差分 POS 数据(相对较精确的初始值)的可以放宽到 40000 个像素，没有差分 POS 数据的至少 20000 个像素布设一个控制点。同时也要根据每个任务的实际地形地物条件灵活应用，如地形起伏异常较大的、大面积植被覆盖区域及面状水域的特征点非常少的，需要酌情增加控制点。

(3)针对无人机的飞行架次估算。通常每个架次布设 5~6 个点，两长边各布设 3 个点，或四角点各布设 1 个点，中间再加 1 个点；考虑两个相邻架次有一长边 3 点重合共用，两个架次可以布设 6~9 个点，如图 4-23 所示。三个架次依次类推。

(4)按航线数进行确定。通常每四条航线布设一排平高点，成方形布设，如图 4-23 所示。此方法既能保证成图精度，又能减少外业工作量。

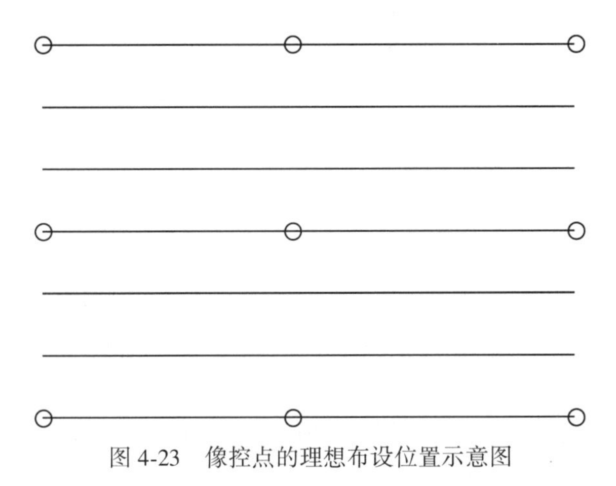

图 4-23　像控点的理想布设位置示意图

2. 像控点的布设方式

布点时既要尽量均匀布设，又要重点突出高程变化较大的地方。图 4-24 所示的布点方案较好，既均匀，又满足高程布设要求；图 4-25 都布设在中间，测区四角部分未布点，不均匀。

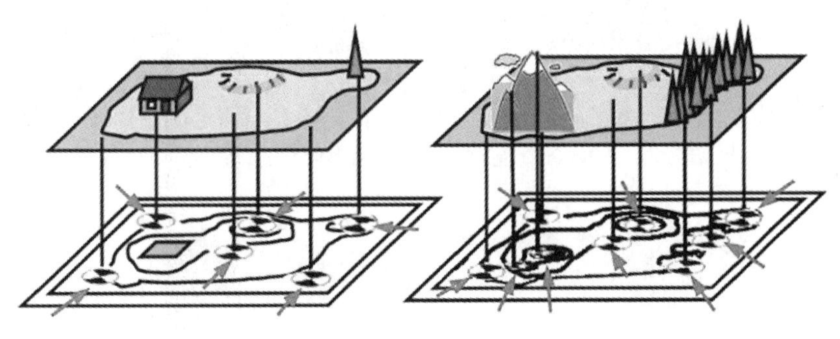

图 4-24　正确的布点方案

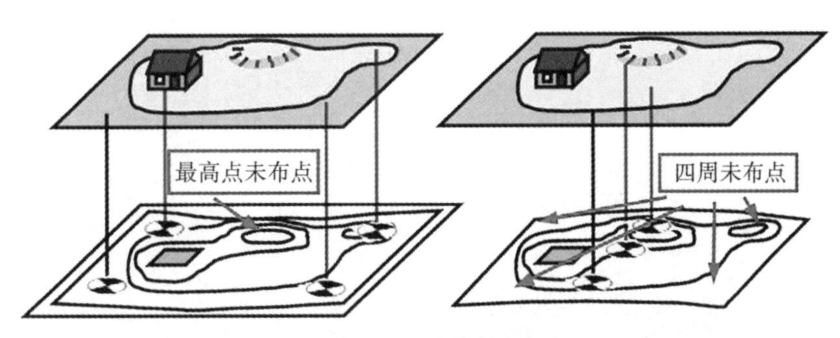

图 4-25　不正确的布点方案

4.3.2　像控点的选择与标志制作

影像控制点的目标影像应清晰，选择在易于识别的细小现状地物交点、明显地物拐角点等位置固定且便于量测的地方。条件具备时，可以先制作外业控制点的标志点，一般选择白色(或者红色)油漆画十字形标志，并在航摄飞行之前试飞几张影像，确保十字标志能在倾斜影像上正确辨识。控制点测量完成后，要及时制作控制点点位分布略图、控制点点位信息表，准确描述每个控制点的方位和位置信息，便于内业刺点使用。

实地选点时，也应考虑侧视相机是否会被遮挡。对于弧形地物、阴影、狭窄沟头、水系、高程急剧变化的斜坡、圆山顶、跟地面有明显高差的房角、围墙角等以及航摄后有可能变迁的地方，均不应当作选择目标。

(1)所选的或自行绘制的像控点必须是在航片上能够辨认清晰的，没有遮挡的目标。

①地面上颜色对比分明的标志线。如图 4-26、图 4-27 所示。

图 4-26　地面瓷砖和道路上的标志线

图 4-27　路面行车标志线

②自行绘制的十字形或L形地面标志。如图4-28、图4-29所示。

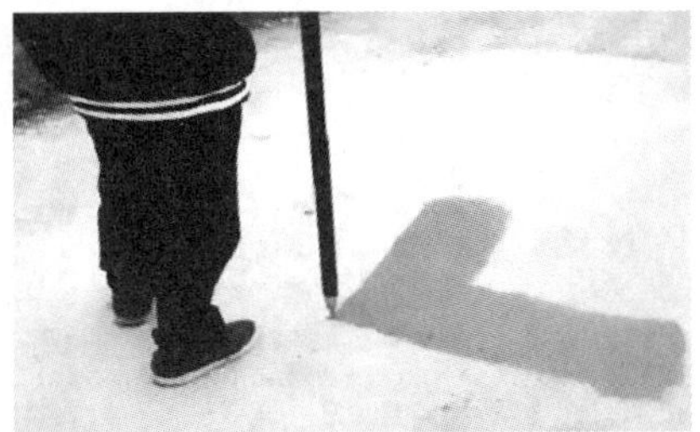

图4-28 地面自制红色标志

图4-29 地面自制白色标志

(2)目标成像不清晰、与周围环境色差小、与地面有明显高差的目标，会影响空三内业的刺点误差，因此均不能用作像控点。如下几个例子：

①与水面有高差，不能作为像控点；

②颜色相近，航片上不易辨认，不能作为像控点；

③与地面有高差，不能作为像控点。

总之，凡是可能引起刺点误差的，均不应选作像控点。

(3)在整个像控布设环节，像控标志类型、尺寸大小、布设位置和曝光至关重要。

①标志尺寸以无人机的空中视角来说，地面标志相当小，不同分辨率的照片对地面标志的大小要求不同，经实践测试，地面分辨率为2~3cm时，地面标志宜在60cm×60cm以上的尺寸，在无人机拍摄的像片上才能清晰可见。

②位置选择以五镜头相机为例，其倾斜角度一般为45°，倾斜视线很容易被遮挡，除了大树、高楼和途经车辆，还会被高茎杂草、电力线所遮盖，如图4-30所示。当高空拍摄像片时，以像素为单位进行处理，因此，在选择点位时，需避开上述遮挡物。

③另外，为防止人为破坏，布设可移动标志时还需考虑尽量远离人为活动频繁区域。

④此外，摄影过程中，过度曝光像片上的控制点标志影响内业刺点精度，如图4-31

所示。

车辆遮盖

图 4-30　控制点标志遮挡

图 4-31　曝光过度的控制点标志

4.3.3　像控点测量流程

1. 测量设备的准备

需要准备的设备有：GPS 设备 1 套、对中杆 1 根、三脚架 1 个、相机 1 台、记录纸若干。

外出作业时应检查：GPS 设备电池是否充满电，相机电池是否充满电，相机储存卡内存是否足够；作业完成后需给设备电池充电、导出和备份数据、检查仪器设备。

2. 基础控制点资料的收集

根据项目需求，收集必要的等级控制点。如控制点的分布情况不满足 RTK 的测量要求，需要在已有控制点的基础上加密控制点。

3. 坐标系统的确定

根据项目需求，分析已有资料，确定测区所用的坐标系统、投影方式、高程基准。

4. 其他资料的收集

外出作业前应收集测区的地形图、交通图、地名录、天气、地域文化等资料。

5. 像控点测量

像控点的测量主要采用“GPS-RTK”方法。

1)计算坐标转换参数

因为 GPS 测量结果使用的是 WGS-84 坐标系统，如项目要求测量成果使用其他坐标系统，如 CGCS2000 坐标系，则需要在观测之前进行坐标联测，求出 WGS-84 坐标系与目标坐标系之间的转换参数。

(1)首先要有至少 5 个目标坐标系的基础控制点坐标数据，其中 4 个用作校正，1 个用于校正后的检验。注意已知点最好分布在整个作业区域的边缘，能控制整个区域，一定要避免已知点的线形分布。

(2)在电子手簿上输入已知控制点的坐标，并把 GPS 流动站接收机架在已知点上，测得 WGS-84 的坐标数据。

(3)根据已知点的已知坐标数据和 WGS-84 坐标系的坐标数据，计算七参数，求得两坐标系之间的转换关系。

(4)检查一下水平残差和垂直残差的数值，看其是否满足项目的测量精度要求，残差应不超过 2cm。检校没问题之后才可以进行下一步作业。

2)野外观测的作业要求

(1)两次观测，每次采集 30 个历元，采样间隔 1 秒。

(2)接收机在观测过程中不应在接收机近旁使用对讲机或手机；雷雨过境时应关机停测，并取下天线，以防雷电。

(3)两次观测成果需野外比对结果，比对值为两次初始化采集的最后一个历元的空间坐标，较差依照平面较差不超过 5cm，大地高较差不超过 5cm 的精度标准执行；不符合要求时，加测一次；如果三次各不相同，则在其他时间段重新观测。

(4)每日观测结束后，应及时将数据从 GPS 接收机转存到计算机上，确保观测数据不丢失，并拷贝备份由专人保管。

(5)对观测处进行拍照，分别为 1 张近照、2~3 张远照。近照要求摄清天线摆放位置以及对中位置或者是杆尖落地处；若 1 张不够描述，可拍摄多张。远照的目的是反映刺点处与周边特征地物的相对位置关系，便于空三内业人员刺点。周边重要地物有：房屋、道路、花圃、沟渠等。为描述清楚，远照可摄多张。

4.4 中海达 RTK 像控点测量

根据设备硬件配备不同，常规的基准站+流动站作业模式有三种：内置电台模式、外挂电台模式和 GPRS 网络模式。特点是作业方式灵活，基准站既可以架设在已知点，也可以架设在未知点。另一种较常用的是基于网络的连续运行参考系统(CORS)模式，这是近年来快速发展起来的一种作业模式。特点是参考站是固定的，只需一台流动站即可，测量范围较大。下面结合中海达公司生产的接收机 iRTK2 分别对以上四种作业模式进行详细介绍。

4.4.1 内置电台模式

1. 设备

三脚架 1 个；基座 1 个；iRTK2 GPS 2 台；Andriod 系统 RTK 手簿 1 个；测量杆 1 个，

长天线 1 根。

2. 基准站设置

1) 基准站模式设置

单击 1 台 GPS 主机开关键启动 GPS，双击开关键进行工作模式切换(注：每双击 1 次，切换 1 个模式)，直到语音提示“工作模式为 UHF 基准站”。

2) 手簿与基准站连接

(1) 打开手簿，点击 Hi-Survey Road 图标，启动 RTK 测量界面。软件界面如图 4-32 所示，与手机界面相似。图中的九宫格菜单，每个菜单都对应一个功能，界面简洁直观，操作简单。

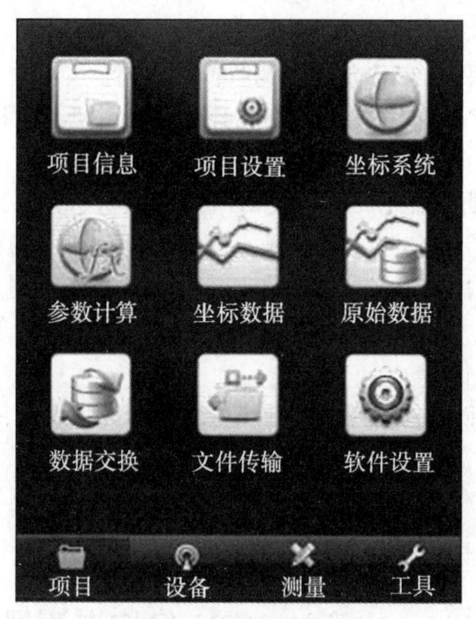

图 4-32　手簿界面

(2) 方法一：将手簿与主机 NFC 识别触碰，听到“咚”的一声后，手簿中出现蓝牙连接进度条，并提示已连接(图 4-33)。

(3) 方法二：点击图 4-32 下方的“设备”，进入蓝牙连接界面，如图 4-34 所示，点击下方的“搜索设备”查找接收机，搜到相应的仪器号后选中该设备蓝牙名，弹出蓝牙配对的对话框，输入配对密码(默认 1234 或 0000)，蓝牙配对成功后即可连接接收机，或在已配对设备里选择相应的仪器号进行连接。

3) 基准站位置及数据链设置

(1) 设定基准站的坐标为 WGS-84 坐标系下的经纬度坐标。一般在基准站可以通过“平滑”进行采集，获得一个相对准确的 WGS-84 坐标进行设站(注：任意位置设站，不意味着任意输入坐标，务必平滑多次后进行设站，平滑次数越多，可靠度也越高)。如果基准站架设在已知点上，也可以通过输入已知点的当地平面坐标，或通过点击右端“点库”按钮从点库中获取。如图 4-35 所示。

图 4-33 触碰连接

图 4-34 手动搜索连接

(2)基准站使用内置电台功能，只需设置数据链为内置电台，设置频道与功率；进入“高级”界面可获取最优频道；功率有高、中、低三个选项(图 4-36)。

图 4-35 基准站位置设置

图 4-36 基准站数据链设置

3. 移动站设置

设置移动站主要设定移动站的工作参数，包括移动站数据链等，移动站的设置与基准站的设置类似，只是输入的信息不同。

移动站使用内置电台，只需设置数据链为内置电台，修改电台频道，在移动站模式下搜索最优频道必须确保基准站关闭电台发射，以免影响搜索结果。电台频道必须和基准站一致。

断开基准站 GPS，启动另 1 台 GPS 将其工作模式设置为“移动站”模式。连接移动站 GPS，进入移动站设置，数据链选择“内置电台”，频道与基准站频道必须相同。

其他差分模式选 RTK，电文格式选 RTCM(3.0)，截止高度角选择 15°，最后点击设置(点击设置成功)(图 4-37)。

图 4-37　其他差分模式设置

注意：点击天线高按钮可设置天线类型、天线高(一般情况下量天线高为斜高，强制对中时可能用到垂直高，千万不要忘记输入)。

4. 新建项目

在主界面上点击“项目”→“新建”→“输入项目名”→右下角“√”，点击左上角“项目信息”→“坐标系统”→“椭球”(源椭球为 WGS-84，当地椭球根据测区要求选择北京 54、国家 80 或国家 2000)→“投影”→“投影方法”(根据测区要求情况选择)→“中央子午线”(输入正确的中央子午线)，“椭球转换”“平面转换”“高程拟合”都改为无→“保存”→“OK”→“OK”→“×”。项目信息、系统设置输入对应操作见图 4-38、图 4-39。

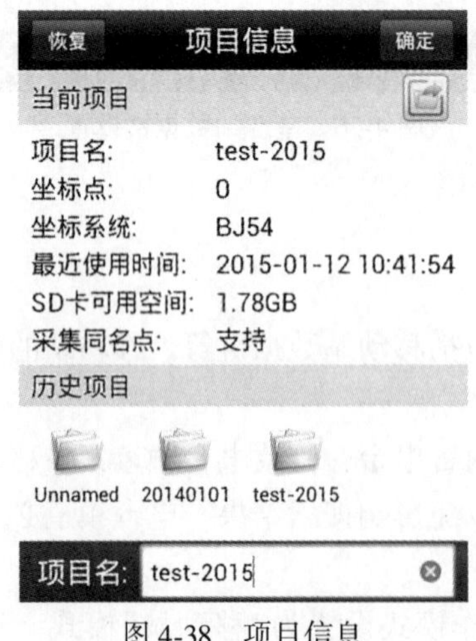

图 4-38　项目信息

图 4-39　系统设置

5. 参数计算

参数坐标系统→参数计算→计算类型(图 4-40)→添加源坐标(一般直接采集)→输入目标坐标，重复操作第二个点→计算→应用→保存即可。参数计算界面如图 4-40、图 4-41 所示。

图 4-40　参数计算界面

图 4-41　添加参数计算

计算类型：“三参数”“四参数+高程拟合”“四参数”“高程拟合”“七参数”。

三参数：方法简化，只取 X，Y，Z 平移，运用于信标 SBAS 固定差改正以及精度要求不高的地方。用于 RTK 模式下，其作用距离最好小于 3km 范围且处于较平坦的地方(基准站开机的模式)，要求至少有一个已知点坐标。

四参数+高程拟合：X，Y，Z 平移，尺度因子 K，也是 RTK 坐标转换常用的一种模式。通过四参数完成 WGS-84 平面到当地平面的转化，利用高程拟合完成 WGS-84 椭球高到当地水准的拟合。至少要有两个已知点坐标，作用范围限制在小测区使用。

七参数：平移 α_x、α_y、α_Z，旋转 ω_X、ω_Y、ω_Z，尺度因子 K，适用范围较大和距离较远的 RTK 模式或 RTD 模式 WGS-84 到北京 54 或者国家 80 的转化，至少要有三个已知点坐标。

添加：添加坐标点信息，包括点名、点坐标、点描述。点坐标可以来源于点选、图选及设备实时采集。

对于四参数计算结果，缩放值越接近 1 越好，一般要有 0.999 或者 1.000 以上才是合格的。旋转要看已知点的坐标系，如果是标准的北京 54 或者国家 80 坐标系，则旋转一般只会在几秒内，超过了就是不理想了。如果已知点是任意坐标系，旋转没有参考意义，平面残差小于 0.02，高程残差小于 0.03 基本就可以了。计算结果合格后，点击”运用”，启用这个结果，画面跳入坐标系统界面，我们可以查看一下，之前都为”无”的”平面转换”和”高程拟合”是否已启用。

6. 坐标测量

点击测量页主菜单上的“碎部测量”按钮，可进入碎部测量界面，这时就可以测量点的坐标了。文本界面和图形界面可通过"文本"/"图形"按钮切换，如图 4-42 所示。

7. 数据导出

点击"项目"里的数据交换，单击下方的文件名框输入文件名，选择"数据类型"。进入数据格式设置界面后选择相应的数据格式，点击"确定"，数据导出成功。如图 4-43 所示。原始数据导出格式包括：自定义(* . txt)、自定义(* . csv)、AutoCAD(* . dxf)、SHP 文件(* . shp)、Excel 文件(* . csv)、开思 SCS G2000(* . dat)、南方 CASS7. 0(* . dat)、PREGEO(* . dat)等。

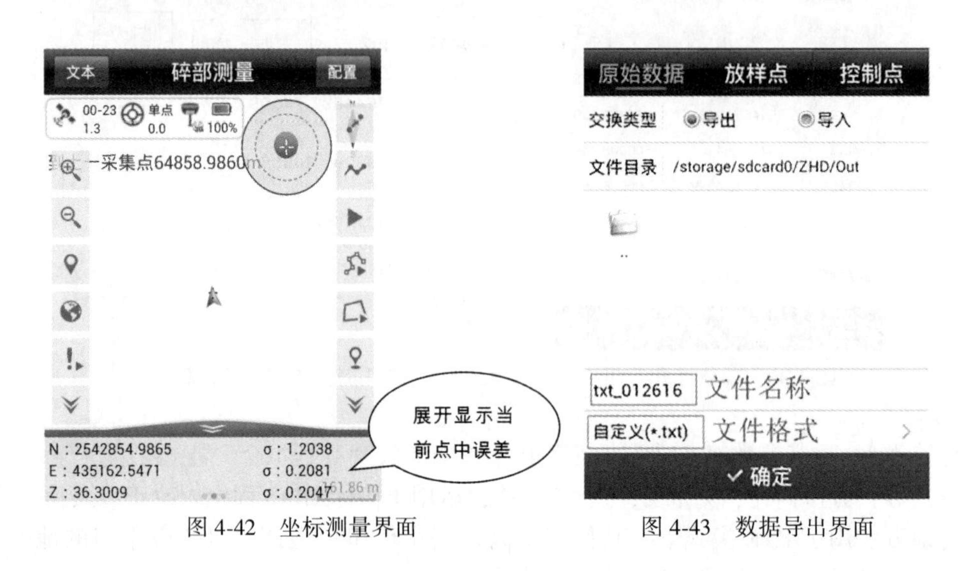

图 4-42　坐标测量界面　　　　图 4-43　数据导出界面

4. 4. 2　外挂电台模式

1. 设备

三脚架 2 个、基座 2 个、电台 1 台、蓄电池 1 台、大电台发射天线 1 个、iRTK2 GPS 2 台、iRTK2 GPS 长天线 2 根、Andriod 系统 RTK 手簿 1 个、测量杆 1 个。

2. 架设基准站

基准站一定要架设在视野比较开阔，周围环境比较空旷，地势比较高的地方；避免架在高压输变电设备附近、无线电通信设备收发天线旁边、树下以及水边，这些都对 GPS 信号的接收以及无线电信号的发射产生不同程度的影响。

1)基准站架设步骤(图 4-44)

(1)将其中 1 台接收机设置为基准站外置模式。

(2)架好三脚架，安放电台天线的三脚架最好放到高一些的位置，两个三脚架之间保持至少 3m 的距离。

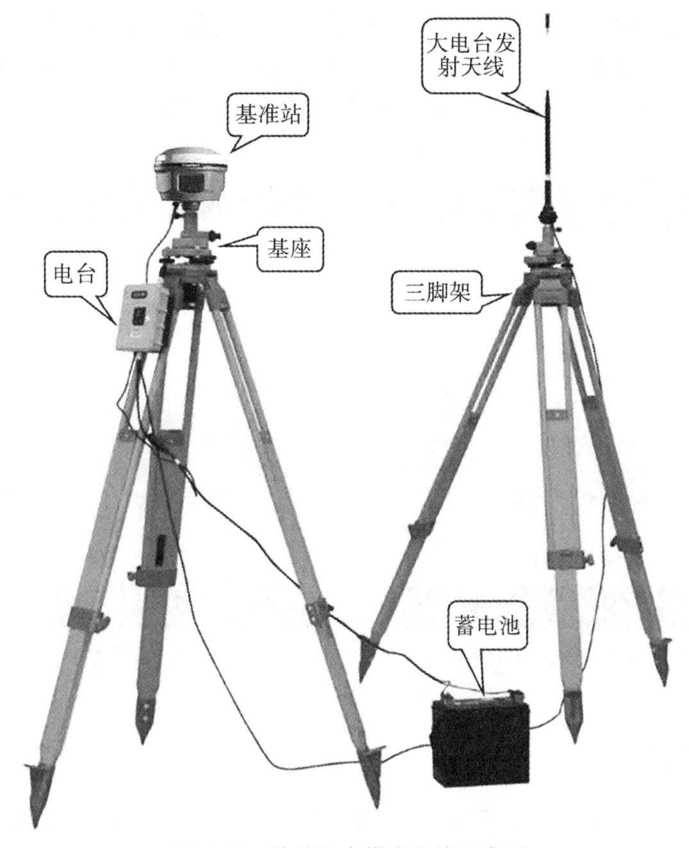

图 4-44 外挂电台模式连接示意图

(3)固定好机座和基准站接收机(如果架在已知点上，要做严格的对中、整平)，打开基准站接收机。

(4)安装好电台发射天线，把电台挂在三脚架上，将蓄电池放在电台的下方。

(5)用多用途电缆线连接好电台、主机和蓄电池。多用途电缆是一条 Y 形的连接线，用来连接基准站主机(五针红色插口)、发射电台(黑色插口)和外挂蓄电池(红、黑色夹子)，具有供电、数据传输的作用。

重要提示：在使用 Y 形多用途电缆连接主机的时候，注意查看五针红色插口上标有红色小点，在插入主机的时候，将红色小点对准主机接口处的红色标记即可轻松插入。连接电台一端的时候操作相同。

2)基准站模式设置

单击 1 台 GPS 主机开关键启动 GPS，双击开关键进行工作模式切换(注：每双击 1 次，切换 1 个模式)，直到语音提示“工作模式为 UHF 基准站”。

3)手簿与基准站连接

手簿与基准站连接的具体操作与“4.4.1 内置电台模式”相同。

4)基准站位置及数据链设置

进入设备界面，点击设备连接，点击“连接”进入蓝牙列表界面，选中基准站蓝牙编号，点击“连接”。连接成功，点击设置基准站接收机，输入仪器高，点击“平滑”，等待

10 秒钟平滑结束，点击“数据链”，设置数据链，然后点击“其他”选项卡，广播格式选择 SCMRX(三星效果)，RTCM3.0(双星效果)，然后点击“设置”，提示设置成功，基准站设置成功。基准站平滑坐标、天线高的输入如图 4-45 所示，数据链设置如图 4-46 所示。

图 4-45　设置基准站高

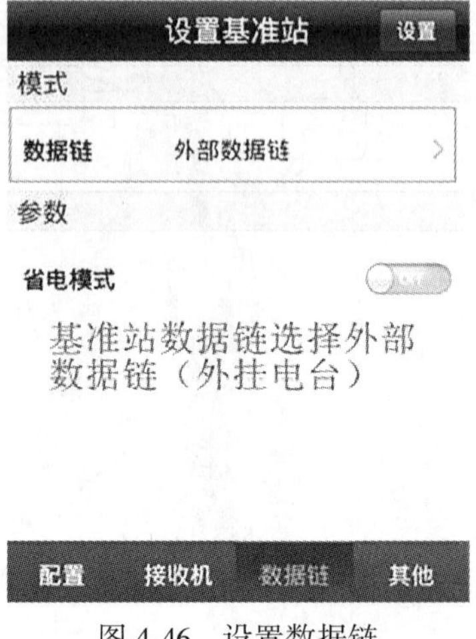

图 4-46　设置数据链

3. 移动站设置

断开基准站与手簿的连接。启动另 1 台 GPS，将其工作模式设置为“移动站”模式。手簿蓝牙连接移动站，点击移动站设置，基准站是外挂电台，移动站数据链选择内置电台。注意电台通道设置与基准站外挂电台一致，其他选项卡设置广播格式为 SCMRX(三星效果)或 RTCM3.0(双星效果)。此处差分电文格式必须与基准站完全一致，否则无法正常工作。然后点击“确定”，移动站设置成功，等待移动站固定就行了，固定以后就可以直接外业。移动站参数设置如图 4-47、图 4-48 所示。

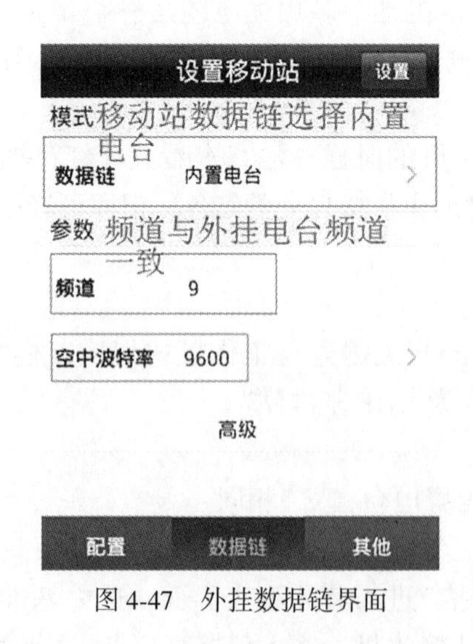

图 4-47　外挂数据链界面

图 4-48　外挂其他界面

后面的新建项目、参数计算、碎步测量以及数据导出作业步骤与“4.4.1 内置电台模式”相同。

4.4.3　GPRS 网络模式

1. 设备

三脚架 1 个；基座 1 个；iRTK2 GPS 2 台；Andriod 系统 RTK 手簿 1 个；测量杆 1 个；移动或联通手机卡 2 张。

2. 基准站设置

1)基准站模式设置

1 台 GPS 主机插入手机卡，单击开关键启动 GPS，双击开关键进行工作模式切换(注：每双击一次，切换一个模式)，直到语音提示“工作模式为 UHF 基准站”。

2)手簿与基准站连接

手簿与基准站连接的具体操作与“4.4.1 内置电台模式”相同。

3)基准站位置及数据链设置

(1)点击“平滑”按钮，平滑完后点击右上角“设置”，输入基准站高，如图 4-49 所示。

(2)点击“数据链”，选择数据链类型，输入相关参数，如图 4-50 所示。

(例如：需设置的参数，选择内置网络时，其中分组号和小组号可变动，分组号为七位数，小组号为<255 的三位数)。

(3)点击“其他”，选择差分模式、电文模式(默认为 RTK、RTCA，不需要改动)，点击右上角“设置”确定。

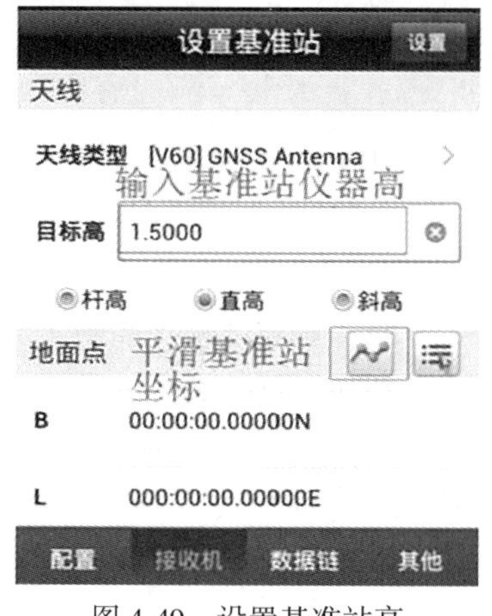

图 4-49　设置基准站高

图 4-50　设置数据链界面

3. 移动站设置

断开基准站 GPS 与手簿连接。将另 1 台 GPS 主机插入同网络手机卡，启动后将工作模式设置为“移动站”模式。蓝牙连接手簿，使用菜单“移动站设置”，弹出“设置移动站”对话框。在“数据链”界面，选择和输入的参数和基准站一致，如图 4-51 所示。

点击“其他”界面，选择、输入和基准站一样的参数，修改移动站天线高。

后面的新建项目、参数计算、碎步测量以及数据导出作业步骤与“4.4.1 内置电台模式”相同。

4.4.4　单基站 CORS 网络差分模式

1. 设备

已建设完成的单基站 CORS 并开通；iRTK2 GPS 1 台；Andriod 系统 RTK 手簿 1 个；测量杆 1 个；通信卡 1 张。

2. 移动站与手簿的连接

选择 PDA 手簿与 GNSS 接收机的连接方式为“蓝牙”，接收机和手簿的蓝牙功能都要开启，点击右下角的“连接”进入蓝牙连接界面。点击“搜索设备”搜索需要连接的设备，在设备列表中选择接收机的仪器号，弹出蓝牙配对的对话框，输入配对密码，密码默认为 1234，已配对的设备不需再输入配对密码。iRTK2 系列弹出蓝牙配对对话框时，不需要输入密码，直接点击配对即可，蓝牙配对成功后连接接收机；如果没有找到设备，可以点击下方“搜索设备”重新查找接收机，搜到相应的仪器号后选中该设备进行连接。设置待连接的设备连接方式、天线类型(可在连接后再进行修改)后，点击右下角“连接”。

3. 移动站使用内置网络设置

移动站使用内置网络设置，步骤如下：

(1)如图 4-51 所示，数据链选择“内置网络”；

(2)网络模式选择网络类型“GPRS”；

(3)设置“运行商”：用 GPRS 时输入“CMNET”；用 CDMA 时输入“card，card”。这里我们选择通用的“CMNET”。

(4)设置“网络服务器”：包括 ZHD 和 CORS。使用中海达服务器时，选择 ZHD，接入 CORS 网络时，选择 CORS。这里我们选择“CORS”，服务器地址选择如图 4-52 所示。

(5)“连接 CORS”的 IP 地址与端口号：手动输入 CORS 的 IP 地址、端口号，如图4-53 所示。

(6)输入“源节点”：可获取 CORS 源列表，选择“源列表”，也可以手动输入源节点号，输入“用户名”“密码”，然后点击【设置】。

(7)点击“确定”完成设置，返回上一个界面。

4. 移动站其他选项

包括设定差分模式、差分电文格式、截止高度角、天线高等参数。

图 4-51 移动站数据链界面

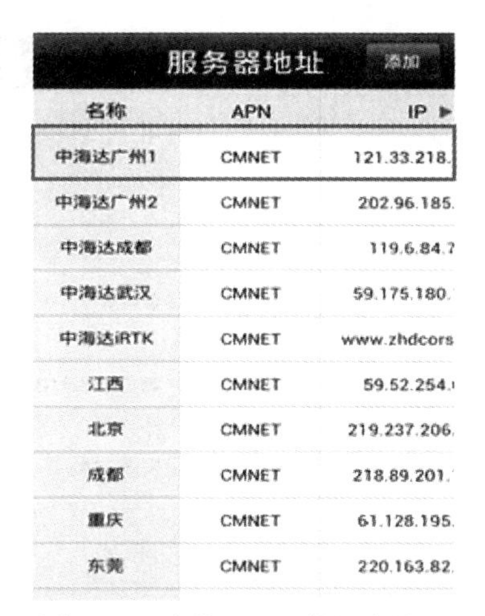

图 4-52 连接 CORS 的用户界面

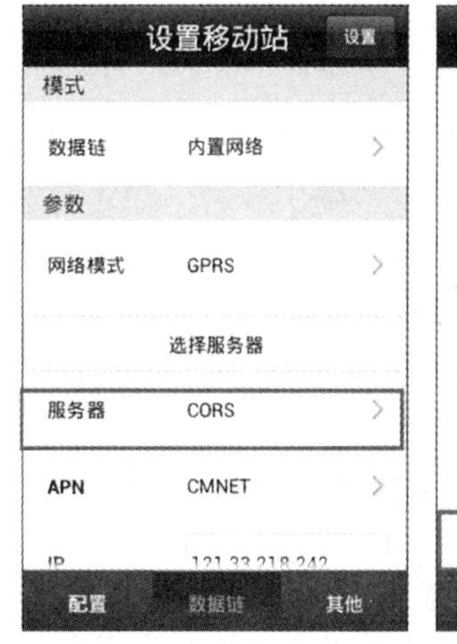

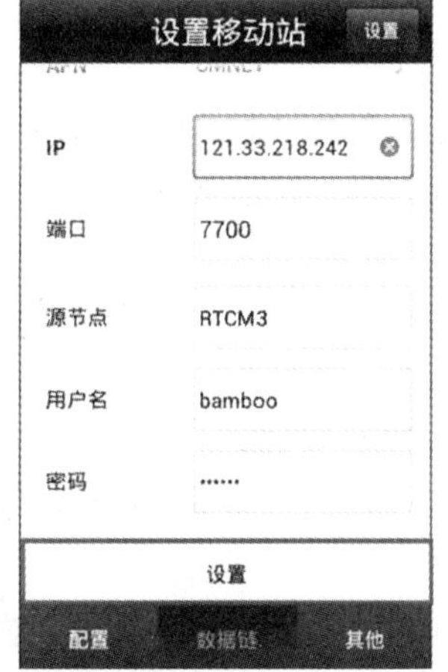

图 4-53 移动站 CORS 数据链设置

(1)"差分模式"：包括 RTK、RTD、RT20，默认为 RTK，RTD 表示码差分，RT20 为单频 RTK 差分。

(2)"电文格式"：包括 RTCA、RTCM(2.X)、RTCM(3.0)、CMR、NovAtel、sCMRx。

(3)"截止高度角"：表示 GNSS 接收卫星的截止角，可在 5°至 20°之间调节。

(4)"天线高"：点击天线高按钮可设置基准站的天线类型、天线高(注：一般情况下所量天线高为斜高，强制对中时可能用到垂直高，千万不要忘记输入)。

(5)"发送 GGA"：当连接 CORS 网络时，需要将移动站位置报告给计算主机，以进行插值获得差分数据，若正在使用此类网络，应该根据需要，选择"发送 GGA"，后面选择发送间隔，时间一般默认为"1"秒。如图 4-54 所示。

等到所有移动站参数设置完成后点击界面右上角的"设置"，点击完成后会弹出提示框，如果设置成功，检查移动站主机是否正常接收差分信号，如果失败，检查参数是否设置错误，重复点击几次。

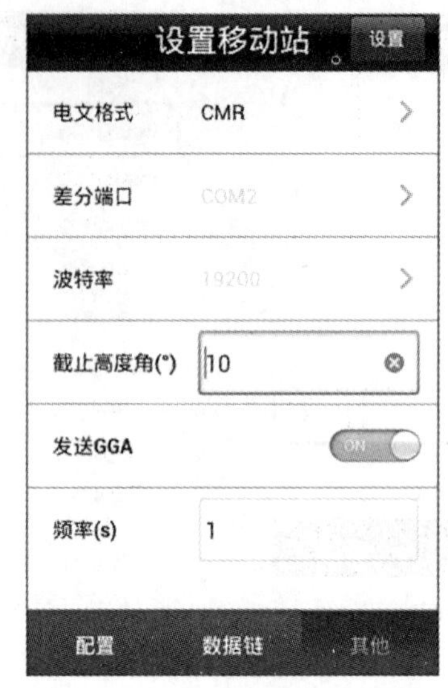

图 4-54　移动站 CORS 其他设置

目前中海达已有多个网络服务器和服务器端口可供用户使用，用户可自行选择合适的服务器及端口。经验表明，对于 IP 地址，最好选择中海达广州 1。

习题与思考题

1. 怎么定义无人机航迹规划？它有哪些优点？

2. 在无人机航迹规划时，根据《低空数字航空摄影规范》中的规定，航高要求一般有哪些？

3. 某测区地势西北高东南低，东西宽约 13km，南北长约 30.6km，测区面积约 400km^2。计划进行该市 1∶4000 数字航空摄影。测区海拔高度最低点为 150m，最高海拔为 1m。选用高精度数码航摄仪 DMC，焦距为 120mm，相幅宽 92mm，高 166mm。依据本次航摄任务的实际情况确定航向重叠度为 65%，旁向重叠度为 30%。求摄影基线长度 B，航线间隔 D，摄影区航线总条数，每条航线影像数，摄区总像片数。

4. 影像分辨率 GSD 与航测最终成果精度有什么关系？

5. 利用无人机进行航迹规划时，它的流程是什么？

6. 依据实际三维建模效果，如使用五相机或双相机三相位摆动式倾斜摄影系统，一般航向重叠度要达到 80%，旁向重叠度要达到 60%。那倾斜摄影航线敷设和飞行方法主要有哪些？请列举。

7. 利用无人机进行面状区域的航线设计时，需要注意的事项有哪些？

8. 在利用无人机进行倾斜摄影分区划分时，主要考虑哪几个方面？

9. 简述像控点的布设原则。

第5章　解析空中三角测量

5.1　解析空中三角测量概述

5.1.1　解析空中三角测量的概念

根据航摄像片与被摄物体之间的几何关系，利用少量的野外控制点数据和像片上的观测数据，在室内测定地面加密点的物方空间坐标，称之为解析空中三角测量，简称空三加密。

从上述的定义可以看出，解析空中三角测量的目的是用摄影测量解析法确定区域内所有影像的外方位元素，从而实现连续像对的相对定位。在传统摄影测量中，这是通过对点位进行测定来实现的，即根据影像上量测的像点坐标及少量控制点的大地坐标，求出未知点的大地坐标，使得已知点增加到每个模型中不少于四个，然后利用这些已知点求解影像的外方位元素，因而解析空中三角测量也称摄影测量加密。

5.1.2　空中三角测量的意义和作用

采用大地测量测定地面点三维坐标的方法历史悠久，至今仍有十分重要的地位。但随着摄影测量与遥感技术的发展和电子计算机技术的进步，用摄影测量方法进行点位测定的精度有了明显提高，其应用领域不断扩大。而且某些任务只能用摄影测量方法才能使问题得到有效的解决。

(1)摄影测量方法测定(或加密)点位坐标，其意义在于：

①不需直接触及被量测的目标或物体，凡是在影像上可以看到的目标，不受地面通视条件限制，均可以测定其位置和几何形状；

②可以快速地在大范围内同时进行点位测定，从而可节省大量的野外测量工作量；

③摄影测量平差计算时，加密区域内部精度均匀，并且很少受区域大小的影响。

(2)摄影测量加密方法已成为一种十分重要的点位测定方法，主要作用有：

①为立体测绘地形图、制作影像平面图和正射影像图提供定向控制点(图上精度要求在0.1mm以内)和内、外方位元素；

②取代大地测量方法，进行三、四等或以下等级三角测量的点位测定(要求精度为厘米级)；

③用于地籍测量中测定大范围内界址点的国家统一坐标，这部分内容称为地籍摄影测

量，用以建立坐标地籍(要求精度为厘米级)；

④单元模型中解析计算大量点的地面坐标，用于诸如数字高程采样或桩点法测图；

⑤解析法地面摄影测量，例如各类建筑物变形测量、工业测量以及用影像重建物方目标等。此时所要求的精度往往较高。

概括起来讲，解析空中三角测量的目的可以分为两个方面：第一是用于地形测图的摄影测量加密；第二是用于高精度摄影测量加密。

5.1.3　空中三角测量的分类

1. 解析空中三角测量按数学模型分类

解析空中三角测量按数学模型可分为：航带法、独立模型法(单模型定向)、光束法。

2. 解析空中三角测量按平差范围分类

解析空中三角测量按平差范围可分为：单模型法、单航带法(条状)、区域网法。

(1)单模型法：在单个立体像对中加密大量的点，或用解析法高精度地测定目标点的坐标。

(2)单航带法：是对一条航带进行处理，在平差中无法顾及相邻航带之间公共点条件。

(3)区域网法：是对由若干条航带组成的区域进行整体平差，平差过程中能充分地利用各种几何约束条件，并尽量减少对地面控制点数量的要求。

目前，在实际项目工作中进行空三加密，常用单模型定向和区域网解析空三加密。由于无人机像片像幅小、姿态角变化大等特点，数学模型多采用光束法平差。

区域网解析空三加密的基本理论是：不管如何应用平差方法，在整个加密区按最小二乘法原理进行平差，合理配赋误差，因此，区域网解析空中三角测量又叫区域网平差。

5.1.4　区域网空三加密步骤

1. 项目原始资料整理，建立项目

整理航片、POS 数据、相机检校报告、控制点坐标及点之记，新建项目。

2. 内定向

内定向，简单来说，就是利用相机检校报告中的一系列参数，去掉原始航片影像畸变，粗纠正变形，提高航测内业 3D 产品精度。

内定向精度要求：1/3~1/2 像素。

3. 相对定向

相对定向：描述像片相对位置和姿态关系的参数。实际上就是基于特征算子算法进行

数码影像匹配同名点，确定影像间的相互位置关系。

通过在相邻两张影像上量取至少三对同名点的像点坐标，可以解算出两相邻像片的相对位置关系。当然，量取的同名点越多，平差后的结果越稳定，模型上连接越牢固。如此连接可以确定整个航带所有影像的相对位置关系。

4. 绝对定向

绝对定向是利用共线条件方程和已知地面点坐标(控制点)求解像片的 6 个外方位元素。实质上是将整个测区纳入地面测量坐标系(还原出真实世界)，并规划到测图比例尺。

容易理解，通过相对定向量取同名点，可以确定影像间的相对位置关系。量取的同名点越多，相对定向结果越可靠，这样绝对定向时平差后的结果也越稳定。相对定向的结果影响绝对定向的结果。另外，像控点 GCP 个数越多，均匀分布，平差解算的结果也将越稳定。

5. 区域网平差解算

设置必要参数和控制条件，反复平差解算，剔除粗差修改误差，直到满足精度要求。

6. 输出成果

输出空三加密成果，完成解算。

区域网平差作业流程如图 5-1 所示。

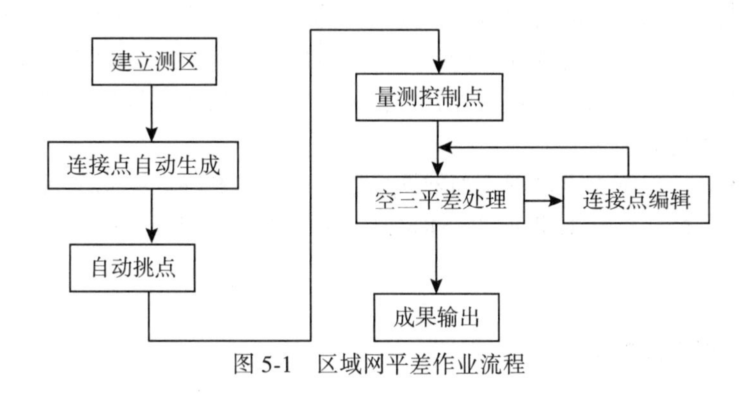

图 5-1 区域网平差作业流程

5.2 空三加密连接点的类型与设置

在摄影测量作业中，影像之间的联系、影像对的定向等均是通过影像上的连接点来实现的。影像坐标量测值的精度，除了取决于摄影机、摄影材料、坐标量测系统和作业员的水平外，还与影像上的连接点的类型与设置有关。

5.2.1 标志点刺点

为了避免转刺点误差，最好对所有控制点和连接点布设地面标志。但是由于它的成本高和不便于作业，目前只在高精度摄影测量平差，如加密三、四等大地控制网，数字地籍测量或高精度变形测量中采用，以及用于科学研究目的。

为了在影像上可以辨认和量测，地面标志点的大小需按照影像比例尺来确定。计算标志点直径的经验公式为：

$$d \approx \frac{25\text{cm} \cdot m_s}{10000} \tag{5-1}$$

式中：m_s为影像比例尺分母。

这样在影像上得到的标志的理论直径为 25μm，但由于受光照条件影响，实际直径要加到 50μm。表 5-1 列出了几种影像比例尺摄影时所采用的标志大小，以供实际作业时参考。

表 5-1　　**影像比例尺与对应标志大小**

影像比例尺	标志点直径(实地)
1：250(地面摄影测量)	4～8mm
1：3000～1：6000	10cm
1：10000	20cm
1：20000	50cm
1：50000	1～2m

考虑到标志点在影像上的可辨认性，其周围的影像应具有良好的反差，这一点比标志大小的选择更为重要。对黑白软片，标志的颜色最好为白色，亦可为黄色或红色，其背景颜色以绿色或黑色为好。而对于彩红外软片，标志可取玫瑰色或红色。对于彩色片，则宜取红色，其次为黄色和白色。

为了便于辨认，在标志点周围需加辅助标志。标志点和辅助标志之间的间隙必须至少保持在标志点直径的 3 倍。如果采用立体量测，标志周围应当等高；如果是单像量测，则关系不大。

5.2.2　明显地物点刺点

所谓明显地物点，是指在实地存在而且不易受到破坏的、在影像上可准确辨认的自然点。直接选取这些点作为控制点和连接点时，无需在相片或透明正片上刺孔，而只要求绘出唯一确定的点位略图及文字说明，并在相片上标明位置所在。在进行量测时，作业员按此略图和说明来辨认点位。这种方法的优点是不破坏立体观测效应。如果地面明显地物很多，而且选点和量测由同一作业完成，它也可能达到接近于标志点的精度。但是，这种方法对于明显地物不多的荒漠地区或未开发地区是不可行的。此外，该方法作业比较麻烦，在观测时辨认点位要花费较多的时间。

利用自然点作为控制点时，有时必须将平面和高程控制点分开，以保证量测精度。例如，平坦地区的道路交叉口，其平面位置不一定很精确，但高程无变化，用作高程控制点是很好的，而房角不宜作为高程点，但作为平面控制点却是合适的。

5.2.3 影像匹配转点

这是目前摄影测量作业中采用的最普通方法。将立体像对的影像数字化，然后用数字影像匹配方法寻找左右影像的同名像点。惯常的数字影像匹配方法是比较目标区和搜索区内两个点组灰度的协方差或相关系数，在该值为最大的原则下寻求同名像点，实现立体量测的自动化。

5.3 光束法区域网空中三角测量

空中三角测量按平差时所采用的数学模型的不同，可分为航带法空中三角测量、独立模型空中三角测量和光束法空中三角测量三类。对于航带法，其所解求的未知数少，计算方便快速，但是不如光束法和独立模型法严密，因此主要用于为光束法提供初始值和低精度的坐标加密；独立模型法理论较严密，精度较高，未知数、计算量和计算速度也是位于光束法和航带法之间；光束法理论最为严密，加密成果的精度较高，但需要解求的未知数多，计算量大，计算速度较慢。对于当前高精度空中三角测量的加密普遍都是采用光束法区域网平差。

5.3.1 光束法区域网空中三角测量

光束法区域网平差是以一张像片组成的一束光线作为平差的基本单元，是以中心投影的共线方程作为平差的数学模型，以相邻像片公共交会点坐标相等、控制点的内业坐标与已知的外业坐标相等为条件，列出控制点和加密点的误差方程式，进行全区域的统一平差计算，解求出每张像片的外方位元素和加密点的地面坐标。如图 5-2 所示。

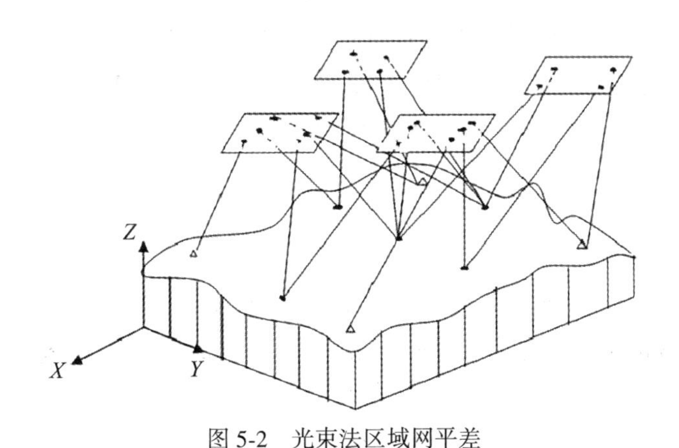

图 5-2 光束法区域网平差

光束法区域网平差主要过程如下：

(1) 像片外方位元素和地面点坐标近似值的确定。

对于初始值如何确定，可以采用旧地图获取，也可交替地进行后方交会和前方交会建立航带模型，但是通常采用航带法加密成果作为光束法区域网平差的概值。

(2)逐点建立误差方程式和改化法方程式。

(3)利用边约化边消元循环分块法解求改化法方程式。

(4)求出每张像片的外方位元素。

(5)空间前方交会求得待定点的地面坐标，对于像片公共连接点，取其均值作为最后成果。

光束法区域网平差以像点坐标作为观测值，理论严密，但对原始数据的系统误差十分敏感，只有在较好地预先消除像点坐标的系统误差后，才能得到理想的加密成果。因此，对于无人机拍摄的影像需要消除畸变差，才能消除影像上像点坐标的系统误差。

对于目前全自动处理的空三软件，一般是利用影像自动匹配出航向和旁向的像点，将全区域中各航带网纳入比例尺统一的坐标系统中，拼成一个松散的区域网，确认每张像片的外方位元素和地面点坐标的概略位置。然后根据外业的控制点，逐点建立误差方程式和改化法方程式，解求出每张像片的外方位元素和加密点的地面坐标。

1. 数字模型

在获得每张像片的外方位元素和加密点地面坐标的近似值后，就可以用共线条件方程式，列出每张像片上控制点和加密点的误差方程式。对每个像点可列出下列两个关系式，即：

$$\begin{cases} x = -f\dfrac{a_1(X - X_S) + b_1(Y - Y_S) + c_1(Z - Z_S)}{a_3(X - X_S) + b_3(Y - Y_S) + c_3(Z - Z_S)} \\ y = -f\dfrac{a_2(X - X_S) + b_2(Y - Y_S) + c_2(Z - Z_S)}{a_3(X - X_S) + b_3(Y - Y_S) + c_3(Z - Z_S)} \end{cases} \tag{5-2}$$

将共线方程线性化并写成一般形式得：

$$\begin{cases} v_X = a_{11}\mathrm{d}X_S + a_{12}\mathrm{d}Y_S + a_{13}\mathrm{d}Z_S + a_{14}\mathrm{d}\varphi + a_{15}\mathrm{d}\omega + \cdots \\ \qquad + a_{16}\mathrm{d}k - a_{11}\mathrm{d}X - a_{12}\mathrm{d}Y - a_{13}\mathrm{d}Z - l_X \\ v_Y = a_{21}\mathrm{d}X_S + a_{22}\mathrm{d}Y_S + a_{23}\mathrm{d}Z_S + a_{24}\mathrm{d}\varphi + a_{25}\mathrm{d}\omega + \cdots \\ \qquad + a_{26}\mathrm{d}k - a_{21}\mathrm{d}X - a_{22}\mathrm{d}Y - a_{23}\mathrm{d}Z - l_X \end{cases} \tag{5-3}$$

写成矩阵形式为

$$\begin{pmatrix} v_X \\ v_Y \end{pmatrix} = \begin{pmatrix} a_{11} & a_{12} & a_{13} & a_{14} & a_{15} & a_{16} \\ a_{21} & a_{22} & a_{23} & a_{24} & a_{25} & a_{26} \end{pmatrix} \begin{pmatrix} \mathrm{d}X_S \\ \mathrm{d}Y_S \\ \mathrm{d}Z_S \\ \mathrm{d}\varphi \\ \mathrm{d}\omega \\ \mathrm{d}k \end{pmatrix} + \begin{pmatrix} -a_{11} & -a_{12} & -a_{13} \\ -a_{21} & -a_{22} & -a_{23} \end{pmatrix} \begin{pmatrix} \mathrm{d}X \\ \mathrm{d}Y \\ \mathrm{d}Z \end{pmatrix} - \begin{pmatrix} l_X \\ l_Y \end{pmatrix} \tag{5-4}$$

写成一般形式为

$$\boldsymbol{V} = (\boldsymbol{A} \quad \boldsymbol{B})\begin{pmatrix} \boldsymbol{X} \\ \boldsymbol{t} \end{pmatrix} - \boldsymbol{L} \tag{5-5}$$

式中：

$$V = (v_X \quad v_Y)^{\mathrm{T}}$$

$$A = \begin{pmatrix} a_{11} & a_{12} & a_{13} & a_{14} & a_{15} & a_{16} \\ a_{21} & a_{22} & a_{23} & a_{24} & a_{25} & a_{26} \end{pmatrix}$$

$$B = \begin{bmatrix} -a_{11} & -a_{12} & -a_{13} \\ -a_{21} & -a_{22} & -a_{23} \end{bmatrix}$$

$$X = (\mathrm{d}X_S \quad \mathrm{d}Y_S \quad \mathrm{d}Z_S \quad \mathrm{d}\varphi \quad \mathrm{d}\omega \quad \mathrm{d}k)^{\mathrm{T}}$$

$$t = \begin{pmatrix} \mathrm{d}X \\ \mathrm{d}Y \\ \mathrm{d}Z \end{pmatrix} \qquad L = \begin{pmatrix} l_X \\ l_Y \end{pmatrix}$$

对于外业控制点，如不考虑它的误差，则控制点的坐标改正数 $\mathrm{d}X = \mathrm{d}Y = \mathrm{d}Z = 0$。当像点坐标为等权观测时，误差方程式对应的法方程式为：

$$\begin{pmatrix} A^{\mathrm{T}}A & A^{\mathrm{T}}B \\ B^{\mathrm{T}}A & B^{\mathrm{T}}B \end{pmatrix} \begin{pmatrix} X \\ t \end{pmatrix} - \begin{pmatrix} A^{\mathrm{T}}L \\ B^{\mathrm{T}}L \end{pmatrix} = 0 \tag{5-6}$$

式(5-6)含有像片外方位元素改正数 X 和待定点地面坐标改正数 t 两类未知数。对于一个区域来说，通常会有几条、十几条甚至几十条航带，像片数将有几十张、几百张甚至几千张。每张像片有 6 个未知数，一个待定点有 3 个未知数。

如若全区有 N 条航带，每个航带有 n 张像片，全区有 m 个待定点，则该区域的未知数为 $(6n \cdot N + 3m)$ 个。由此组成的法方程将十分庞大。为了计算方便，通常消去一类未知数，保留另一类未知数，形成改化法方程式。把式(5-6)中的系数矩阵和常数项用新的符号代替，写成：

$$\begin{pmatrix} N_{11} & N_{12} \\ N_{21} & N_{22} \end{pmatrix} \begin{pmatrix} X \\ t \end{pmatrix} - \begin{pmatrix} L_1 \\ L_2 \end{pmatrix} = 0 \tag{5-7}$$

用消元法消去待定点地面坐标改正数得改化法方程式，即：

$$(N_{11} - N_{12}N_{22}^{-1}N_{12}^{\mathrm{T}})X = L_1 - N_{12}N_{22}^{-1}L_2 \tag{5-8}$$

上式的改化法方程式的系数矩阵是大规模的带状矩阵。为了计算方便，通常采用循环分块解法解求未知数。

求得每张像片的外方位元素后，可利用双像空间前方交会或多像空间前方交会法解求全部加密点的地面坐标。

多像空间前方交会是根据共线方程，由待定点在不同像片上的所有像点列误差方程式进行解算。下式为共线条件方程经线性化后的误差方程式，即：

$$\begin{cases} v_X = a_{11}\mathrm{d}X_S + a_{12}\mathrm{d}Y_S + a_{13}\mathrm{d}Z_S + a_{14}\mathrm{d}\varphi + a_{15}\mathrm{d}\omega + \cdots \\ \qquad + a_{16}\mathrm{d}k - a_{11}\mathrm{d}X - a_{12}\mathrm{d}Y - a_{13}\mathrm{d}Z - l_X \\ v_Y = a_{21}\mathrm{d}X_S + a_{22}\mathrm{d}Y_S + a_{23}\mathrm{d}Z_S + a_{24}\mathrm{d}\varphi + a_{25}\mathrm{d}\omega + \cdots \\ \qquad + a_{26}\mathrm{d}k - a_{21}\mathrm{d}X - a_{22}\mathrm{d}Y - a_{23}\mathrm{d}Z - l_X \end{cases} \tag{5-9}$$

由于每张像片的外方位元素已经求得，就可列出每个待定点的前方交会误差方程式，即

$$\begin{cases} v_X = -a_{11}\mathrm{d}X - a_{12}\mathrm{d}Y - a_{13}\mathrm{d}Z - l_X \\ v_Y = -a_{21}\mathrm{d}X - a_{22}\mathrm{d}Y - a_{23}\mathrm{d}Z - l_Y \end{cases} \tag{5-10}$$

如果某待定点在 n 张像片上都有构像，则可列出 $2n$ 条误差方程式，解出该点的地面坐标改正数，再加上其近似值就得到待定点的地面坐标。

2. 光束法平差方式

针对无人飞行器遥感系统集成了无人驾驶飞行器、遥感及 GPS 导航定位等高科技产品和技术手段，能够获得摄影曝光时刻的外方位元素。为了充分利用 POS 数据，基于光束法区域网平差的数学模型，根据有无外业控制点数据及控制点数据所占的权重，光束法平差又可分为自由网平差、控制网平差和联合平差。

1）自由网平差

自由网平差可以简单理解成所有的匹配点的像点坐标一起进行平差，其中像点坐标为等权观测。其实现过程是：

（1）根据影像匹配构网生成的像片外方位元素和地面点坐标的近似值；

（2）建立误差方程和改化方程；

（3）依据最小二乘准则，解算出每个外方位元素和待定点地面坐标；

（4）根据平差后解算出的外方位元素和待定点的地面坐标，可以反算出每个物点对应的像点坐标，求得像点残差；

（5）给定像点残差阈值，将大于该阈值的像点全部删除后，继续建立误差方程和改化方程进行平差解算，以此循环迭代直到像点残差阈值满足一定的要求。

对于自由网平差中阈值限定的要求，传统的数字摄影测量，按《数字航空摄影测量　空中三角测量规范》（GB/T 23236—2009）中的规定：扫描数字化航摄影像最大残差应不超过 0.02mm（1 个像素），数码影像最大残差应不超过 2/3 像素。扫描数字化航摄影像连接点的中误差不超过 0.01mm（1/2 个像素），数码影像连接点的中误差应不超过 2/3 像素。

由于无人机低空航摄系统的各个特点，其航摄获得的影像资料存在像幅小、像对多、基线短、旋偏角较大、姿态不稳定、重叠度不规则等问题，因此在自由网平差中阈值的限定要求也相应扩大。其参照《低空数字航空摄影测量内业规范》（CH/Z 3003—2010）的要求：最大残差应不超过 4/3 个像素，中误差为 2/3 个像素。

2）控制网平差

控制网平差在此可以理解成将控制点和匹配点的像点一起进行平差，但是控制网平差中的像点坐标不是等权观测，会对控制点进行权重的设置。其实现过程和自由网平差类似，对于阈值的要求也是根据自由网平差中国家规定的要求。所不同的是，平差解算出外方位元素和待定地面坐标时，也会根据解算出的外方位元素求出对应的控制点地面坐标，此时与真控制点坐标有个差值，对于这个差值的要求根据国家规定分别可以在《数字航空摄影测量　空中三角测量规范》和《低空数字航空摄影测量内业规范》中查询，因为这个残差是根据成图比例尺来确定的，不同的成图比例尺要求的控制点残差也不一样。对于控制点和检查点的平面中误差和高程中误差可依据公式（5-11）进行解算：

$$m_1 = \pm \sqrt{\frac{\sum_{i=1}^{n}(\Delta_i \Delta_i)}{n}} \tag{5-11}$$

式中：m_1 为检查点中误差，单位为米(m)；Δ 为检查点野外实测点与解算值的误差，单位为米(m)；n 为参与评定精度的检查点数，一幅图应该有一个检查点。

3)联合平差

联合平差可以简单地理解成对两种不同观测手段的数据在一起进行平差，在光束法空三加密中，则是POS与控制点一起进行平差。根据POS和控制点在平差过程中所占的权重，联合平差又可分为POS+控制点和控制点+POS两种方式。

两种不同的观测数据一起平差，从理论上能提高空三加密的精度，但是，根据目前国内对于空三加密研究的现状，IMU本身的精度，以及如何设置控制点与GPS/IMU权重等情况，联合平差在实际生产中很少得到充分利用。

对于以上三种平差方式，目前在实际生产中，自由网平差是整个空三流程中必不可少的一步，需要对所有的像点进行平差剔除；而对于控制网平差，是根据实际生产中是否提供外业控制点资料，是否按控制点方式进行空中三角测量，当引入控制点时才需要进行控制网平差，剔除粗差点，但是对于控制网平差的解算方式目前国内加密方式应用最为广泛；联合平差限于国内研究的现状，研究还较少，应用还不是很广泛。

5.3.2　解析空中三角测量的精度分析

摄影测量的任务主要是运用前后方交会求出待定点或加密点的空间坐标，即空中三角测量方法。在实际生产中，空中三角测量的定位精度是重要精度指标。空中三角测量的精度可以从两个方面分析：第一，从理论上分析，将待定点(或加密点)的坐标改正数视为一个随机误差，根据最小二乘平差中的函数关系，结合协方差传播定律求出坐标改正数的方差-协方差矩阵，以此得到平差精度。第二，直接将地面量测值视为真坐标值，通过比较地面控制点的平差坐标值和地面测量坐标值进行较值分析，将多余的控制点坐标值视为多余观测值和检查点，进行精度分析。

理论精度一般反映了对象的一种误差分布规律，观测值的精度以及区域网的网形结构都会影响不同的误差分布，通过误差分布的规律，可以对网形以及控制点的分布进行更合理的设计。而实际精度是用来评价空中三角测量的，更为接近事实精度。在理论上，在不存在各种误差的影响下，理论精度应与实际精度相同。但在实际生产中，两者会存在不同的精度，不同的精度分析可以发现，观测值或平差模型中存在不同的误差类型。因此，测量平差中对于多余控制点的观测是非常必要的。

1. 空中三角测量中的理论精度

摄影测量中的空中三角测量的理论精度为内部精度，反映了一区域网中偶然误差的分布规律，其与点的分布(网形)有关。其理论精度都是以平差获得的未知数协方差矩阵作为测度进行评定的，通常采用式(5-12)来表示第 i 个未知数的理论精度。

$$m_i = \sigma_0 \cdot \sqrt{Q_{ii}} \tag{5-12}$$

式中：Q_{ii} 为法方程逆矩 $\boldsymbol{Q}_{XX}$ 二阵对角线上第 i 个对角线元素；σ_0 是单位权观测值的中误差，可以用像点观测值的验后均方差表示，其计算式为：

$$\sigma_0 = \sqrt{\frac{\boldsymbol{V}^{\mathrm{T}}\boldsymbol{P}\boldsymbol{V}}{r}} \tag{5-13}$$

其中，r 为多余观测数，空中三角测量的理论精度表达了量测误差随平差模型的协方差传播的规律，与区域网内部网形结构有关，区域网的网形不同，误差传播规律在区域网内部的传播就变得不同，导致精度也不同，但各未知数的理论精度和像点的量测精度是成正比的。因此，理论精度可以认为是区域网平差的内部精度。

2. 空中三角测量的实际精度

实际精度与理论精度存在差异是由于在平差模型中可能含有残余的系统误差，是与偶然误差综合作用产生的差异。但是实际精度定义公式很便捷，一般用多余控制点的真实坐标与平差坐标之间的较值来衡量平差的实际精度。空中三角测量实际精度估算式如下：

$$\begin{aligned} \mu_x &= \sqrt{\frac{\sum (X_{真实} - X_{平差})^2}{n}} \\ \mu_Y &= \sqrt{\frac{\sum (Y_{真实} - Y_{平差})^2}{n}} \\ \mu_z &= \sqrt{\frac{\sum (Z_{真实} - Z_{平差})^2}{n}} \end{aligned} \tag{5-14}$$

3. 区域网平差结果的精度规范

《数字航空摄影测量　空中三角测量规范》规定对于空三加密的成果，在实际生产中，由于空三加密成果的精度是根据后期数字线划图、数字正射影像不同成图比例尺进行决定的，对于低空数字航空摄影测量的空三加密成果精度要求一般从控制点、检查点的平面和高程残差以及中误差进行评定。

区域网平差计算结束后，基本定向点(测图定向点)的残差限值为连接点中误差限值的0.75倍，检查点误差限值为连接点中误差限值的1.0倍，区域网间公共点较差限值为连接点中误差限值的2.0倍，具体取值见表5-2。

表 5-2　**定向点残差、检查点误差、公共点较差限差表**

成图比例尺	点别	平地位置中误差(m)				高程中误差(m)			
		平地	丘陵地	山地	高山地	平地	丘陵地	山地	高山地
1∶500	定向点	0.13	0.13	0.2	0.2	0.11	0.2	0.26	0.4
	检查点	0.175	0.175	0.35	0.35	0.15	0.28	0.4	0.6
	公共点	0.35	0.35	0.55	0.55	0.3	0.56	0.7	1.0

续表

成图比例尺	点别	平地位置中误差(m)				高程中误差(m)			
		平地	丘陵地	山地	高山地	平地	丘陵地	山地	高山地
1∶1000	定向点	0.3	0.3	0.4	0.4	0.2	0.26	0.4	0.75
	检查点	0.5	0.5	0.7	0.7	0.28	0.4	0.6	1.2
	公共点	0.8	0.8	1.1	1.1	0.56	0.7	1.0	2.0
1∶2000	定向点	0.6	0.6	0.8	0.8	0.2	0.26	0.6	0.9
	检查点	1.0	1.0	1.4	1.4	0.28	0.4	1.0	1.5
	公共点	1.6	1.6	2.2	2.2	0.56	0.7	1.6	2.4

习题与思考题

1. 简述解析空中三角测量概念。空中三角测量的意义和作用是什么?
2. 空中三角测量的分类有哪些?请详细说明。
3. 请简述区域网空三加密的步骤。
4. 请简述光束法区域网空中三角测量的基本思想。

第 6 章　倾斜摄影测量数字产品生产

6.1　数字产品 6D 介绍

6.1.1　数字产品 6D 定义

航空摄影测量技术作为空间信息技术体系之一，是空间数据获取的重要工具之一。由于其运行成本低、执行任务灵活性高、安全性高、测量精度高等优点，在全世界各国各行业得到了广泛应用。采用传统的航测方法可以得到以下 6D 产品。

1. 数字高程模型(DEM)

DEM(数字高程模型)是 Digital Elevation Model 的缩写，是一定范围内规则格网点的平面坐标(X，Y)及其高程(Z)的数据集，它主要描述区域地貌形态的空间分布，是通过等高线或相似立体模型进行数据采集(包括采样和量测)，然后进行数据内插而形成的。DEM 是对地貌形态的虚拟表示，可派生出等高线、坡度图等信息，也可与 DOM 或其他专题数据叠加，用于与地形相关的分析应用，同时它本身还是制作 DOM 的基础数据。在我国，DEM 是国家基础地理信息数字成果的主要组成部分。

图 6-1 表示的是某地局部 DEM 图。

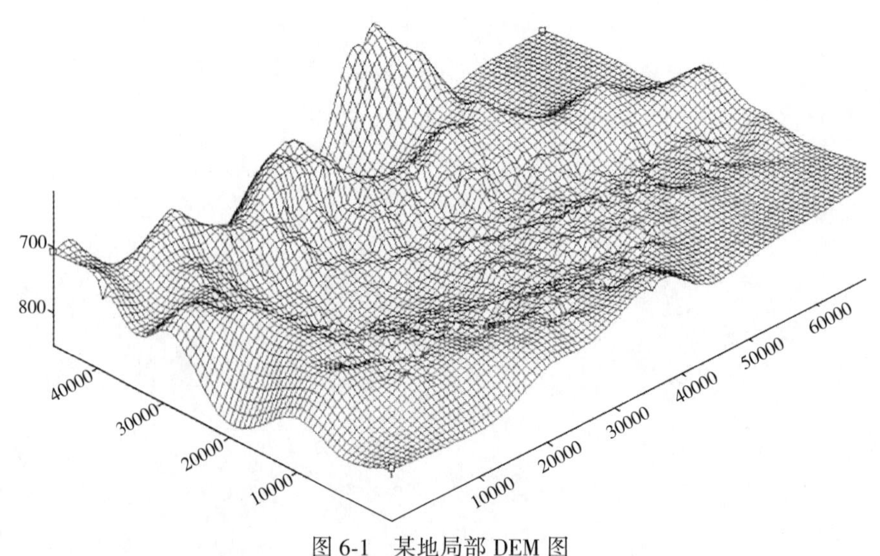

图 6-1　某地局部 DEM 图

数字高程模型中的高程 z 是平面坐标 x，y 的函数，可用数学公式表示为：

$$z = f(x,\ y) \tag{6-1}$$

DEM是用一组有序数值阵列形式表示地面高程的一种实体地面模型，是数字地形模型(Digital Terrain Model，DTM)的一个分支。一般认为，DTM是描述包括高程在内的各种地貌因子，如坡度、坡向、坡度变化率等因子在内的线性和非线性组合的空间分布，其中DEM是零阶单纯的单项数字地貌模型，其他如坡度、坡向及坡度变化率等地貌特性可在DEM的基础上派生。DTM的另外两个分支是各种非地貌特性的以矩阵形式表示的数字模型，包括自然地理要素以及与地面有关的社会经济及人文要素，如土壤类型、土地利用类型、岩层深度、地价、商业优势区，等等。实际上DTM是栅格数据模型的一种，它与图像的栅格表示形式的区别主要是：图像是用一个点代表整个像元的属性，而在DTM中，格网的点只表示点的属性，点与点之间的属性可以通过内插计算获得。

图6-2是彩色渲染后的局部DEM图。

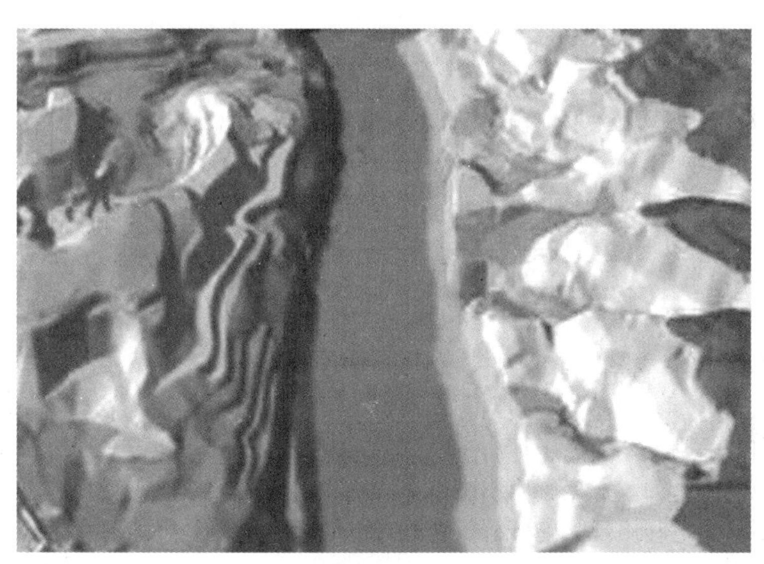

图6-2　彩色渲染后的局部DEM图

建立DEM的方法有多种。从数据源及采集方式上来说，有：

(1)直接从地面测量，例如GPS测量、全站仪测量、野外测量等；

(2)根据航空或航天影像，通过摄影测量途径获取，如立体坐标仪观测及空三加密法、解析测图、数字摄影测量，等等；

(3)从现有地形图上采集，如格网读点法、数字化仪手扶跟踪及扫描仪半自动采集，然后通过内插生成DEM等方法。DEM内插方法很多，主要有分块内插、部分内插和单点移面内插三种。目前常用的算法是通过等高线和高程点建立不规则的三角网(Triangular Irregular Network，TIN)，然后在TIN基础上通过线性和双线性内插建DEM。

由于DEM描述的是地面高程信息，它在测绘、水文、气象、地貌、地质、土壤、工程建设、通信、气象、军事等国民经济和国防建设以及人文和自然科学领域有着广泛的应用。如在工程建设上，可用于如土方量计算、通视分析等；在防洪减灾方面，DEM是进行水文分析如汇水区分析、水系网络分析、降雨分析、蓄洪计算、淹没分析等的基础；在无线通信上，可用于蜂窝电话的基站分析；等等。

2. 数字地形模型(DTM)

DTM(数字地形模型)是 Digital Terrain Model 的缩写，是地形表面形态属性信息的数字表达，是带有空间位置特征和地形属性特征的数字描述，是利用大量选择的已知 x、y、z 的坐标点对连续地面的一种模拟表示。该模型中，x、y 表示该点的平面坐标，z 值可以表示高程、坡度、坡向、温度等信息。高程是地理空间中的第三维坐标。

需要说明的是，当 z 表示高程时，就是数字高程模型 DEM。因此，一般认为，DTM 是描述包括高程在内的各种地貌因子，如坡度、坡向、坡度变化率等因子在内的线性和非线性组合的空间分布，其中 DEM 是零阶单纯的单项数字地貌模型，其他如坡度、坡向及坡度变化率等地貌特性可在 DEM 的基础上派生。DTM 与 DEM 的关系见图 6-3。

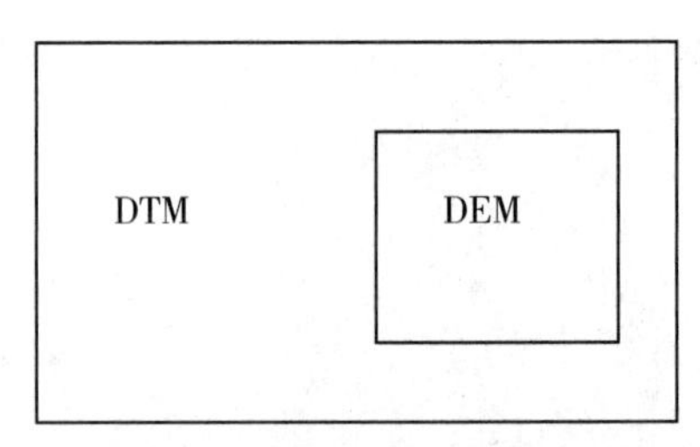

图 6-3　DTM 与 DEM 的关系图

DTM 最初是为了高速公路的自动设计提出来的。此后，它被用于各种线路选线(铁路、公路、输电线)的设计以及各种工程的面积、体积、坡度计算，任意两点间的通视判断及任意断面图绘制。在测绘中被用于绘制等高线、坡度坡向图、立体透视图，制作正射影像图以及地图的修测。在遥感应用中可作为分类的辅助数据。它还是地理信息系统的基础数据，可用于土地利用现状的分析、合理规划及洪水险情预报等。在军事上可用于导航及导弹制导、作战电子沙盘等。

3. 数字地表模型(DSM)

DSM(数字地表模型)是 Digital Surface Model 的缩写，是指包含了地表建筑物、桥梁和树木等高度的地面高程模型。见图 6-4。

和 DEM 相比，DSM 只包含了地形的高程信息，并未包含其他地表信息，DSM 是在 DEM 的基础上，进一步涵盖了除地面以外的其他地表信息的高程。在一些对建筑物、林地高度有需求的领域，得到了很大程度的重视。

DSM 表示的是真实的地面起伏情况，可广泛应用于各行各业。如在森林地区，DSM 可以用于检测森林的生长情况；在城区，DSM 可以用于检查城市的发展情况。特别是众所周知的巡航导弹，它不仅需要数字地面模型，更需要数字表面模型，这样才有可能使巡航导弹在低空飞行过程中，逢山让山，逢森林让森林。DSM 与 DEM 的关系见图 6-5。

图6-4 某地局部DSM图

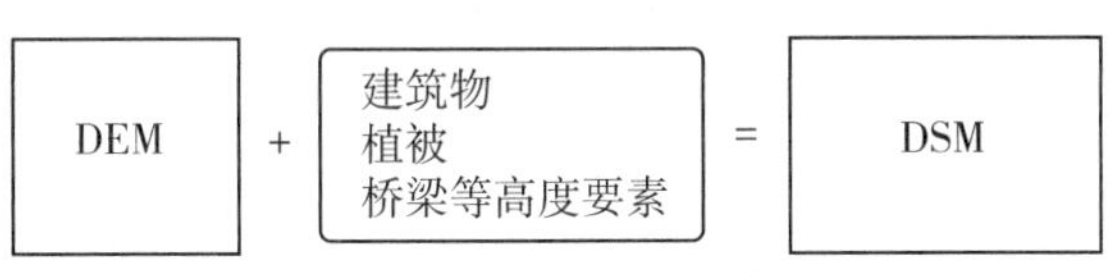

图6-5 DSM与DEM的关系图

4. 数字正射影像图(DOM)

DOM(数字正射影像图)是Digital Orthophoto Map的缩写，是利用数字高程模型(DEM)对经扫描处理的数字化航空像片，经逐像元进行投影差改正、镶嵌，按国家基本比例尺地形图图幅范围剪裁生成的数字正射影像数据集。

DOM同时具有地图几何精度和影像特征的图像，具有精度高、信息丰富、直观真实等优点，可作为地图分析背景控制信息，也可从中提取自然资源和社会经济发展的历史信息或最新信息，为防治灾害和公共设施建设规划等应用提供可靠依据；还可从中提取和派生新的信息，实现地图的修测更新。评价其他数据的精度、现实性和完整性都很优良。

DOM图的技术特征为：数字正射影像、地图分幅、投影、精度、坐标系统与同比例尺地形图一致，图像分辨率为输入大于400dpi，输出大于250dpi。由于DOM是数字的，在计算机上可局部开发放大，具有良好的判读性能与量测性能和管理性能等，如用农村土地发证，指认宗界地界比并数字化其点位坐标、土地利用调查，等等。DOM可作为独立的背景层与地名注名、坐标注记、经纬度线、图廓线公里格、公里格网及其他要素层复合，制作各种专题图。如图6-6所示为某城市局部DOM图。

正射影像制作一般是通过在像片上选取一些地面控制点，并利用原来已经获取的该像片范围内的数字高程模型(DEM)数据，对影像同时进行倾斜改正和投影差改正，将影像重采样成正射影像。将多个正射影像拼接镶嵌在一起，并进行色彩平衡处理后，按照一定范围裁切出来的影像，这就是正射影像图。正射影像同时具有地形图特性和影像特性，信息丰富，可作为GIS的数据源，从而丰富地理信息系统的表现形式。

图6-7所示为DEM、DSM与DOM、TDOM之间的关系。

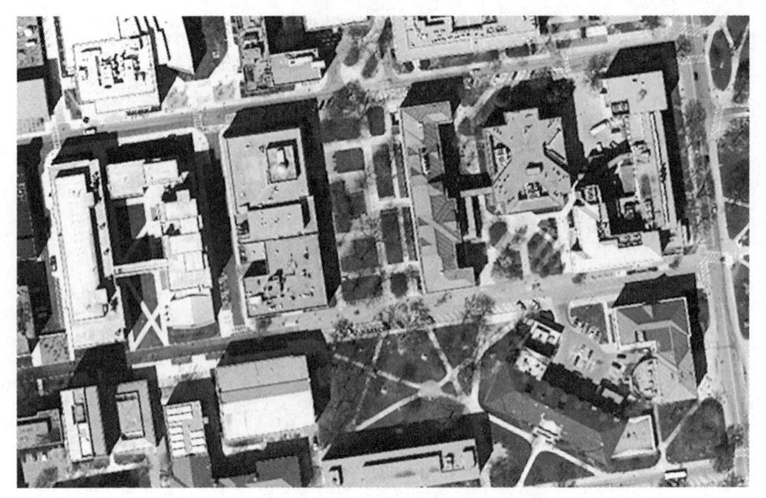

图 6-6　某城市局部 DOM 图

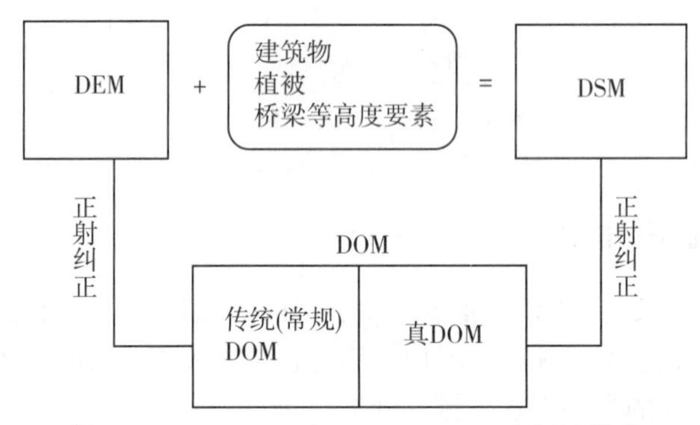

图 6-7　DEM、DSM 与 DOM、TDOM 之间的关系

5. 数字线划图(DLG)

DLG(数字线划图)是 Digital Line Graphic 的缩写，是以矢量数据格式存储的数字地图。基于数字线划地图，可以方便地实现空间数据和属性数据的管理、查询和空间分析，以及制作出符合国家标准的 1∶500、1∶1000、1∶2000 等各种比例尺的测绘产品和各种精细的专题地图。如图 6-8 所示。

在数字测图中，最为常见的产品就是数字地形图，外业测绘最终成果一般就是 DLG。该产品具有严格的数学基础和国家统一的制图标准，较全面地反映了地物和地貌及其他要素，是各行业规划设计及建设的基础图件，也是制作专题地图的基础图件。数字地形图满足各种空间分析要求，可随机地进行数据选取和显示，与其他信息叠加，可进行空间分析、决策。其中部分地形核心要素可作为数字正射影像地形图中的线划地形要素。

数字线划图是一种更为方便的放大、漫游、查询、检查、量测、叠加地图。其数据量小，便于分层，能快速地生成专题地图，所以也称作矢量专题信息(Digital Thematic Information，DTI)。此数据能满足地理信息系统进行各种空间分析的要求，视为带有智能的数据。可随机地进行数据选取和显示，与其他几种产品叠加，便于分析、决策。

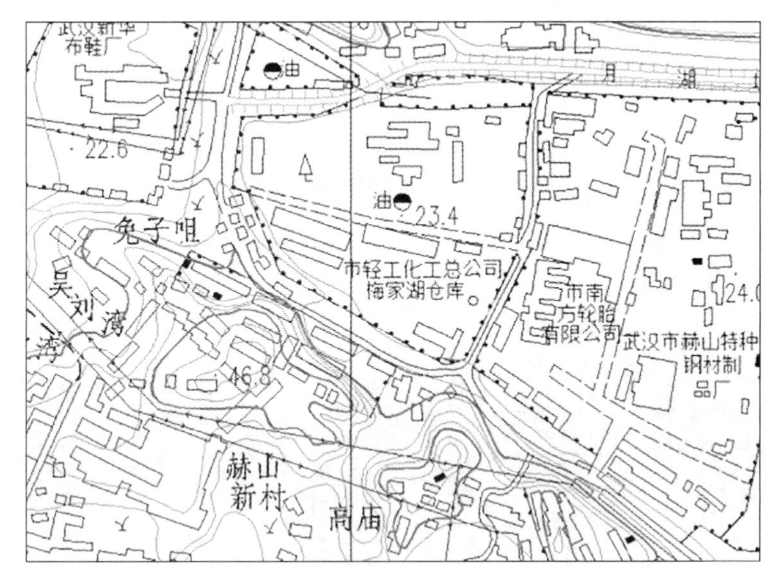

图 6-8 某地 1：1000 数字地形图

数字地形图的技术特征为：地图地理内容、分幅、投影、精度、坐标系统与同比例尺传统地形图一致。图形输出为矢量格式，任意缩放均不变形。

数字线划图的制作方法：

(1)数字摄影测量、三维跟踪立体测图。目前，国产的数字摄影测量软件 VirtuoZo 系统和 JX-4C DPW 系统都具有相应的矢量图系统，而且它们的精度指标都较高。其中 VirtuoZo 系统有工作站版和 NT 版两种，而 JX-4C DPW 系统只有 NT 版一种。

(2)解析或机助数字化测图。这种方法是在解析测图仪或模拟器上对航片和高分辨率卫片进行立体测图，来获得 DLG 数据。用这种方法还需使用 GIS 或 CAD 等图形处理软件，对获得的数据进行编辑，最终产生成果数据。

(3)对现有的地形图进行扫描，人机交互将其要素矢量化。目前常用的国内外矢量化软件或 GIS 和 CAD 软件中能利用矢量化功能将扫描影像进行矢量化后转入相应的系统中。

(4)在新制作的数字正射影像图上，人工跟踪框架要素数字化。屏幕上跟踪，可以使用 CAD 或 GIS 及 VirtuoZo 软件将正射影像图按一定的比例插入工作区中，然后在图上进行相应要素采集。

(5)利用倾斜摄影测量技术生产的三维立体模型，通过专用的三维立体模型数据采集软件绘制线划图。目前，国内有北京山维三维立体测图 EPS、广州南方三维立体测图 CASS 3D 等。图 6-9 为 EPS 三维立体测图界面。

6. 数字栅格地图(DRG)

DRG(数字栅格地图)是 Digital Raster Graphic 的缩写，是现有纸质地形图经计算机处理后得到的栅格数据文件。每一幅地形图在扫描数字化后，经几何纠正，并进行内容更新和数据压缩处理，彩色地形图还应经色彩校正，使每幅图像的色彩基本一致。数字栅格地图在内容上、几何精度和色彩上与国家基本比例尺地形图保持一致。

图 6-9　EPS 三维立体测图界面

6.1.2　DEM 原理与采集方法

1. DEM 原理

根据 DEM 的概念，DEM 是表示区域 D 上地形的三维向量有限序列$\{(X_i, Y_i, Z_i), i=1, 2, \cdots, n\}$，其中$(X_i, Y_i) \in D$是平面坐标，$Z_i$是$(X_i, Y_i)$对应的高程。当该序列中各向量的平面点位是规则格网排列时，其平面坐标(X_i, Y_i)可省略，此时 DEM 就简化为一维向量序列$\{Z_i, i=1, 2, 3, \cdots, n\}$。在实际运用中，许多人习惯将 DEM 称为 DTM，实质上它们是不完全相同的。

DEM 有多种表现形式，主要包括规则矩形格网与不规则三角网等。为了减少数据的存储量及便于使用管理，可利用一系列在 X，Y 方向上都是等间隔排列的地形点的高程 Z 表示地形，形成一个矩形格网 DEM。其任意一个点 P_{ij}的平面坐标可根据该点在 DEM 中的行列号 j，i 及存放在该头文件中的基本信息推算出来。这些基本信息应包括 DEM 起始点(一般为左下角)坐标 X_0、Y_0，DEM 网格在 X 方向与 Y 方向上的间隔 D_X、D_Y 及 DEM 的行列数 N_Y、N_X 等。例如：点 P_{ij}的平面坐标(X_i, Y_i)表示为

$$X_i = X_0 + i \cdot D_X (i=0, 1, 2, \cdots, N_{X-1})$$
$$Y_i = Y_0 + i \cdot D_Y (i=0, 1, 2, \cdots, N_{Y-1})$$

由于矩形格网 DEM 存储量最少，非常便于使用且容易管理，因而是目前最广泛的一种形式，如图 6-10 所示。但其缺点是有时不能准确表示地形图的结构与细部，因此基于

DEM 描绘的等高线不能准确表示地貌。为克服其缺点，可采用附加地形特征数据，如地形特征点、山脊线、山谷线、断裂线等，从而构成完整的 DEM。若将地形特征采集的点按一定规则连接成覆盖整个区域且互不重叠的许多三角形，可构成一个不规则三角网 TIN 表示的 DEM，通常称为三角网 DEM 或 TIN。TIN 能够较好地顾及地貌特征点、线，表示复杂地形表面比矩形格网精确。其缺点是数据量较大，数据结构较复杂，因而使用管理也较复杂。

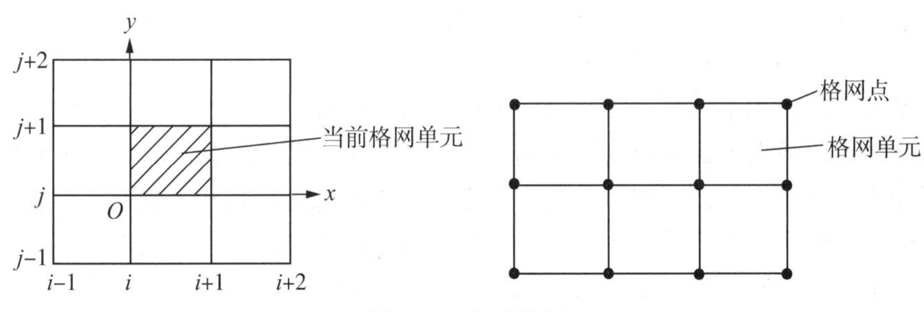

图 6-10　矩形格网

为了建立 DEM，必须量测一些点的三维坐标，这就是 DEM 数据采集或 DEM 数据获取。被测量三维坐标的这些点称为数据点或参考点。

2. DEM 数据点的采集

1) DEM 数据点的采集方法

地面测量：利用自动记录的测距经纬仪(常称为电子测速经纬仪或全站经纬仪)在野外实测。这种测速经纬仪一般都有微处理器，它可以自动记录与显示有关数据，还能进行多种测站上的计算工作。其记录的数据可以通过串行通信等方式，输入其他计算机进行处理。

现有地图数字化：这是利用数字化仪对已有地图上的信息(如等高线、地形线等)进行数字化的方法。目前常用的数字化仪有手扶跟踪数字化仪与扫描数字化仪。

(1)手扶跟踪数字化仪：将地图平放在数字化仪的台面上，用一个带有十字丝的鼠标，手扶跟踪等高线或其他地形地物符号，按等时间间隔或等距离间隔的数据流模式记录平面坐标，或由人工按键控制平面坐标的记录，高程则需由人工按键输入。其优点是所获取的向量形式的数据在计算中比较容易处理；缺点是速度慢，人工劳动强度大。

(2)扫描数字化仪：利用平台式扫描仪或滚筒式扫描仪或 CCD 阵列对地图进行扫描，获取的是栅格数据，即一组阵列式排列的数字影像。其优点是速度快又便于自动化，但获取的数据量很大且处理复杂，将栅格数据转换成矢量数据还有许多问题需要研究，要实现完全自动化还需要做很多工作。

空间传感器：利用 GPS、雷达和激光测高仪等进行数据采集。

数字摄影测量方法：这是 DEM 数据点采集最常用的一种方法。利用附有自动记录装置(接口)的立体测图仪或立体坐标仪，解析测图仪及数字摄影测量系统，进行人工、半自动或全自动的量测来获取数据。

2)数字摄影测量的DEM数据采集方式

(1)数字摄影测量是空间数据采集最有效的手段，它具有效率高、劳动强度低等优点。利用计算机辅助测图系统可进行人工控制的采样，即X，Y，Z三个坐标的控制全部由人工操作；利用解析测图仪或机控方式的机助测图系统可进行人工或半自动控制的采样，其半自动的控制一般由人工控制高程Z，而由计算机控制平面系统X，Y的驱动；半自动测图系统则是利用计算机立体视觉代替人眼的立体观测。

在人工或半自动方式的数据采集中，记录可分为"点模式"和"流模式"。前者是根据控制信号记录静态量测数据；后者是按一定规律连续性地记录动态的量测数据。

(2)沿等高线采样：在地形复杂及陡峭地区，可采用沿等高线跟踪的方式进行数据采集，而在平坦地区，则不宜采用沿等高线采样。沿等高线采样可按等距离间隔记录数据或按等时间间隔记录数据方式进行。当采用后者时，由于在等高线曲率大的地方跟踪速度较慢，因而采集的点较密集，而在等高线曲率小的地方跟踪速度较快，采集的点较稀疏，故只要选择恰当的时间间隔，所记录的数据就能很好地描述地形，且不会有太多的数据。

(3)规则格网采样：利用解析测图仪在立体模型中按规则矩形进行采样，直接构成规则矩形格网DEM。当系统驱动测标到格网点时，会按预先选定的参数停留短暂的时间，供作业人员精确测量。该方法的优点是方法简单、精度较高、作业效率也较高；缺点是特征点可能丢失，基于这种矩形格网DEM绘制的等高线有时不能很好地表示地形特征。

(4)沿断面扫描：利用解析测图仪或附有自动记录装置的立体测图仪对立体模型进行断面扫描，按等距离方式或等时间方式记录断面上点的坐标。由于量测是动态地进行，因而此种方法获取数据的精度比其他方法要差，特别是在地形变化趋势改变处，常常存在系统误差。在传统摄影测量中，该方法作业效率是最高的，一般用于正摄影图的生产。对于精度要求较高的情况，应当从测定的断面数据中消去扫描的系统误差。

(5)渐进采样：为了使采样点分布合理，即在平坦地区采样较少，在地形复杂地区采样较多，可采用渐进采样的方法。先按预定的比较稀疏的间隔进行采样，获得一个较稀疏的格网，然后分析是否需要对格网进行加密。

(6)选择采样：为了准确地反映地形，可根据地形特征进行选择采样，例如，沿山脊线、山谷线、断裂线进行采样以及离散碎部点(如山顶)的采集。这种方法获取的数据尤其适合于不规则三角网DEM的建立，但显然其数据的存储管理与运用均较为复杂。

(7)混合采样：为了同时考虑采样的效率与合理性，可将规则采样(包括渐进采样)与选择采样结合起来进行，即在规则采样的基础上再进行沿特征线、点的采样。为了区别一般的数据点与特征点，应当给不同的点以不同的特征码，以便处理时可按不同的合适的方式进行。利用混合采样可建立附加地形特征的规则矩形格网DEM，也可建立沿特征线附加三角网的Grid-TIN混合形式的DEM。

(8)自动化DEM数据采集：前几种方法是基于解析测图仪或机助测图系统利用半自动化的方法进行DEM数据采集的，现在主要利用数字摄影测量工作站进行自动化的DEM数据采集。此时可按影像上的规则格网利用数字影像匹配进行数据采集。若利用高程直接解求的影像匹配方法，也可按模型上的规则格网进行数据采集。

(9)数据采集是DEM的关键问题，研究结果表明，任何一种DEM内插方法，均不能弥补由于取样不当所造成的信息损失。数据点太稀会降低DEM的精度，数据点过密，又会增大数据获取和处理的工作量，增加不必要的存储量。这需要在 DEM 数据采集之前，按照所需的精度要求确定合理的取样密度，或者在 DTM 数据采集过程中根据地形的复杂程度动态地调整取样密度。

6.2 真正射影像(TDOM)

正射影像应同时具有地图的几何精度和影像的视觉特征，特别是对于高分辨率、大比例尺的正射影像图，它可作为背景控制信息去评价其他地图空间数据的精度、现势性和完整性。然而作为一个视觉影像地图产品，影像上由于投影差引起的遮蔽现象不仅影响了正射影像作为地图产品的基本功能发挥，而且还影响了影像的视觉解译能力。为了最大限度地发挥正射影像产品的地图功能，近几年来，关于真正射影像(True Orthophoto)的制作引起了国内外的广泛关注。本节主要对真正射影像的概念及制作原理进行简单介绍。

6.2.1 遮蔽的概念

这里所说的遮蔽也即遮挡，指的是由于地面上有一定高度的目标物体遮挡，使得地面上的局部区域在影像上不可见的现象。航空遥感影像上的遮蔽主要有两种情况，一种是绝对遮蔽，比如高大的树木将低矮的建筑物遮挡了，使得被遮挡的建筑物在航空遥感影像上不可见。另一种则是相对遮蔽，如图 6-11 所示，对于地面上的 $\triangle ABC$ 区域，它在右像片上不可见，即被遮挡了，但在左像片上是可见的；而对于地面上的 $\triangle DEF$ 区域，则正好相反。这说明对于相对遮蔽而言，影像上的丢失信息是可以通过相邻影像进行补偿的，而绝对遮蔽则做不到这一点。以下只讨论相对遮蔽的情况。

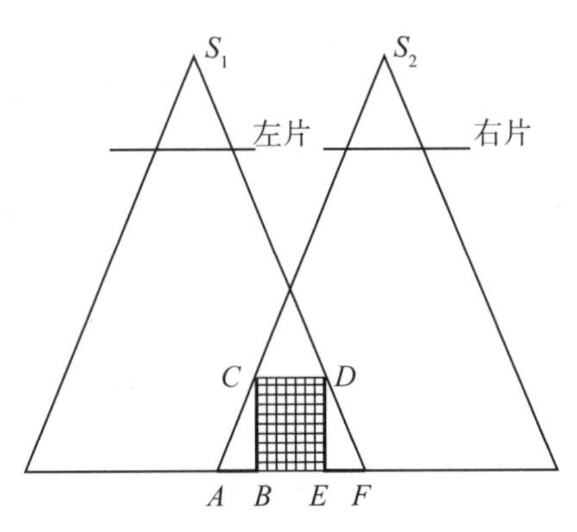

图 6-11 相对遮蔽示意图

航空遥感影像上遮蔽的产生与投影方式有关。对于地物的正射投影，由于它是垂直平行投影成像，是不会产生遮蔽现象的(树冠等的遮挡除外)，如图 6-12(a)所示。而传统的航空遥感影像，它是根据中心投影的原理摄影成像的，对地面上有一定高度的目标物体，其遮蔽是不可避免的。对于中心投影所产生的遮蔽现象，其实质就是投影差，如图 6-12(b)所示。

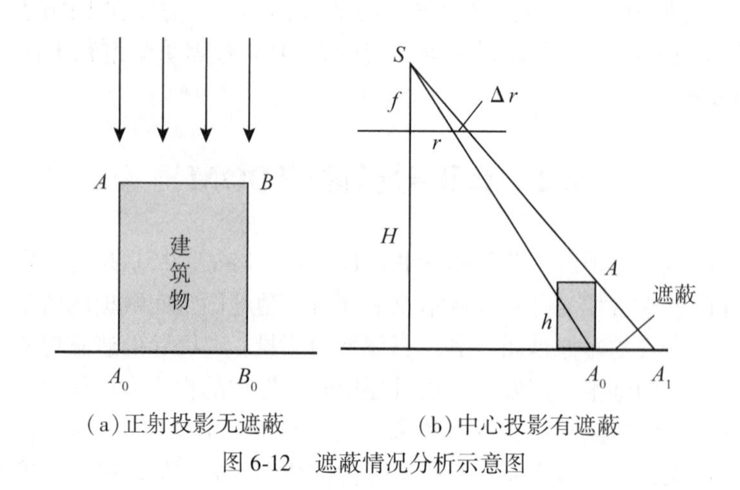

(a)正射投影无遮蔽　　(b)中心投影有遮蔽

图 6-12　遮蔽情况分析示意图

传统的正射影像制作方法主要是利用中心投影(包括框幅式中心投影或线中心投影)影像通过数字纠正的方法得到。在纠正过程中，对原始影像上由一定高度的地面目标物体所产生的遮蔽现象在纠正后依然存在，这使得正射影像失去了“正射投影”的意义，同时也使得正射影像在与其他空间信息数据进行套合时发生困难，使传统正射投影的应用受到一定的限制。

6.2.2　正射影像上遮蔽的传统对策

为了有效地削弱或尽可能地消除正射影像上遮蔽的影响，使正射影像产品满足相应比例尺地图的几何精度要求，人们提出了许多有效的限制中心投影影像(包括所生产的正射影像)上遮蔽现象的办法或措施，主要策略包括：

(1)影像获取时的策略。通过在摄影时采用长焦距摄影、提高摄影飞行高度、缩短摄影基线等方法以增加像片的重叠度，以及在航空摄影航飞线路设计时尽量避免使高层建筑物落在像片的边缘等手段，减少因地面有一定高度目标物体所引起的投影差(遮蔽)，也即缩小像片上遮蔽的范围。

(2)纠正过程中的策略。尽量利用摄影像片的中间部位制作正射影像，因为中心投影像片的中间部位的投影差较小甚至无投影差，换句话说就是此处的遮蔽范围较小或根本无遮蔽。

(3)传感器选择的策略。随着线阵列扫描式成像传感器的应用越来越广泛，人们希望利用线阵列扫描式传感器影像来制作正射影像。因为对于垂直下视线阵列扫描影像而言，地面有一定高度的目标只会在垂直于传感器平台飞行的方向上产生投影差(遮蔽)，而在沿飞行方向上则无投影差(遮蔽)，如图 6-13 所示。

6.2.3　真正射影像的概念及其制作原理

传统的正射影像虽然冠以“正射”两字，却不是真正意义上的正射影像。这是因为传

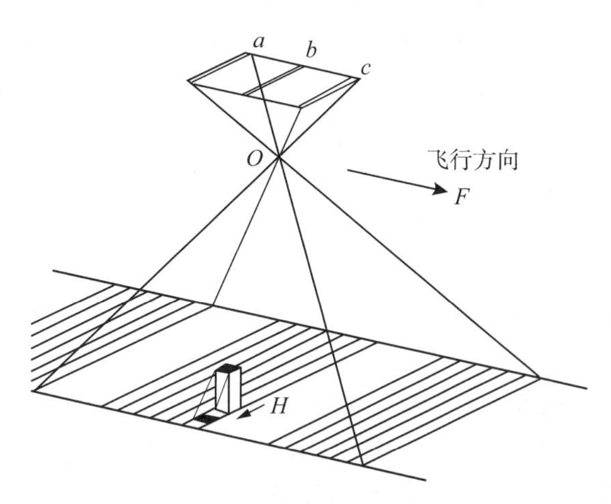

图 6-13 线阵列扫描影像的遮蔽

统正射影像的制作是以 2.5 维的数字高程模型(DEM)为基础进行数字纠正计算的。而 DEM 是地表面的高程，即它并没有顾及地面上目标物体的高度情况，因此，微分纠正所得到的影像虽然叫作正射影像，但地面上 3 维目标(如建筑物、树木、桥梁等)的顶部并没有被纠正到应有的平面位置(与底部重合)，而是有投影差存在。随着 GIS 重要性的增强，人们常常会把正射影像特别是城区大比例尺的正射影像作为 GIS 的底图来使用，以更新 GIS 数据库或用于城市规划等目的，此时就会发现正射影像与其他类型图件进行套合时发生困难。正因为如此，正射影像就不适合作为底图对其他图件进行精度检查或进行变化检测。为此，人们提出了制作"真正射影像"的要求。

所谓真正射影像，简单一点讲就是在数字微分纠正过程中，要以数字表面模型(DSM)为基础进行数字微分纠正。对于空旷地区而言，其 DSM 和 DEM 是一致的，此时只要知道了影像的内、外方位元素和所覆盖地区的 DEM，就可以按共线方程进行数字微分纠正了，而且纠正后的影像上不会有投影差。实际上，需要制作真正射影像的情况往往是那些地表有人工建筑或有树木等覆盖的地区，对这样一些地区，其 DSM 和 DEM 的差别就体现在人工建筑或树木等的高度上。换句话说，为了制作这些地区的真正射影像，就要求在该地区的 DEM 基础上，采集所有高出地表面的目标物体高度信息，或直接得到该地区的 DEM，以供制作真正射影像所用。

6.3 ContextCapture 生产 DSM、DOM 和三维模型

6.3.1 ContextCapture 软件介绍

1. 软件及功能介绍

ContextCapture 是美国 Bentley 公司于 2015 年收购的法国 Acute3D 公司的产品。借助

ContextCapture 软件，无需昂贵的专业化设备，只需利用普通照片即可快速重建各种类型基础设施项目的现状三维模型。使用这些细节丰富的高精度三维实景网格模型，可在基础设施项目的整个生命周期内为设计、施工和运营决策提供精确的现实环境背景参考。

ContextCapture 有两个版本，一个是普通版 ContextCapture，另一个是中心版 ContextCapture Center。顾名思义，后者可以进行集群计算，而且提供了水面约束功能以及提供了 SDK，而普通版除了没有这些功能外，对数据量也有要求。

主要功能介绍如下：

(1)比计算机辅助三维建模更精确、更高效。传统的三维建模技术涉及高昂的成本和时间，以匹配由 ContextCapture 生成的三维模型的几何精度。ContextCapture 直接输出逼真的带纹理的 3D 模型，从而消除了将纹理映射到 3D 几何的繁琐任务。

(2)比激光 3D 扫描更容易和更通用。与激光 3D 扫描相比，ContextCapture 需要一个简单的摄像头进行采集，而不是昂贵的特殊设备。利用摄像机提供高分辨率的颜色信息，ContextCapture 会自动映射到重建的几何图形，以直接生成逼真的带光照纹理的 3D 模型。

(3)ContextCapture 可以在任何坐标系统和符合 GIS 应用的自定义平面系统中生成地理参考 3D 模型。

(4)ContextCapture 包含超过 4000 个空间参考系统，并且可以用户定义扩展。

(5)ContextCapture 可以生成与所有标准 GIS 工具兼容的真正射影像和数字表面模型(DSM)。

(6)ContextCapture 还可以导出 POD 或 ASPRS LASer(LAS)格式的密集点云与每个点上的颜色信息，这些信息可用于大多数点云分析和分类软件。

2. ContextCapture 软件安装

ContextCapture 软件包括 Master(主控台)、Setting(设置)、Engine(引擎)、Viewer(浏览)等几部分，图 6-14 为软件安装完成后桌面生成的快捷方式。

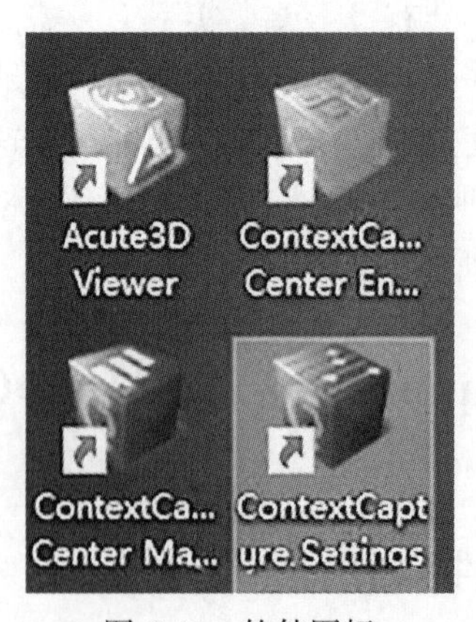

图 6-14　软件图标

Settings：工作路径设置，它主要是帮助 Engine 指向任务的路径。

Master：主控模块。主要进行人机交互的界面，相当于一个管理者，它创建任务、管理任务、监视任务等。

Engine：从属模块。只负责对所指向的 Job Queue 中的任务进行处理，可以独立 Master 打开或者关闭。

Viewer：可预览生成的三维场景和模型，同时还可以测量坐标、边长、面积和土方。

3. 作业流程

1)新建作业项目

ContextCapture 软件是以作业项目进行管理的，可以同时创建多个独立项目。

2)新建区块

ContextCapture 中作业项目以区块(Block)进行管理，一个项目可以同时管理多个区块，也可以只有一个区块。

各区块可以独立空三加密，空三加密完后可以合并为一个区块。此外，第三方软件生成的空三加密成果可以直接读入区块。

3)读入照片组

将像片读入新创建的区块中。像片是以组(Group)为单位管理的。所谓组，是指同一相同的像片参数(焦距、传感器尺寸、影像精度等相同)为一个组。一般说来，同一相机同一架次可作为一个照片组。

一个区块可以有多个照片组，也可以只有一个照片组。

4)空三计算

空三计算的目的主要是查找并计算每个像片的关键点，根据摄影测量原理计算内方位元素和外方位元素，重新恢复像片在摄影瞬间空中的位置和姿态。

模型的好坏、精度的高低与空三计算质量直接相关。

5)模型生产

ContextCapture 作业生产的模型有三维模型、DOM 和 DSM，每次只能单个计算。通常先生产三维模型，然后再生产 DOM 和 DSM，这样速度很快。

三维模型有很多格式，对于测绘工作而言，目前生产最多的格式是 OSGB 格式，这是一个二进制的文件格式，便于提供给其他绘制线划图的软件应用。

6.3.2 新建项目

双击运行 ContextCapture Master，出现如图 6-15 所示界面。运行 Master 之前，最好先启动 ContextCapture Engine。

单击“新工程”新建项目。输入项目名称、存储路径等信息。

按照网上大多数同行的建议，这里有两点说明：①软件中诸如项目名称、照片名、区块名、模型名，以及所有的照片文件夹、临时文件夹、目标成果文件夹等尽量为英文状态下的字母、数字或下划线等组成的英文名，不要出现汉字最好；②文件名和项目名等尽量用有意义和能够标识本项目的字符和数。

如 2019 年 8 月 5 日在红安进行无人机数据采集，共飞了 6 个架次，其照片文件夹名可取为 Hongan20190805，子文件夹分别为 group1，group2，…，group6。工程名称取名与

ContextCapture Master - Center edition
工程 区块 重建 生产 工具 帮助
您未登录。
contextcapture™ Center edition
contextcapture™
学习
创建
开始一个新的工程
新工程...
打开最近的工程
20191017
视频教程快速入门
打开一个现有的工程
打开...
了解有关 ContextCapture 的详细信息
Center edition v4.4.9.338
Copyright © 2016, Bentley Systems, Inc.

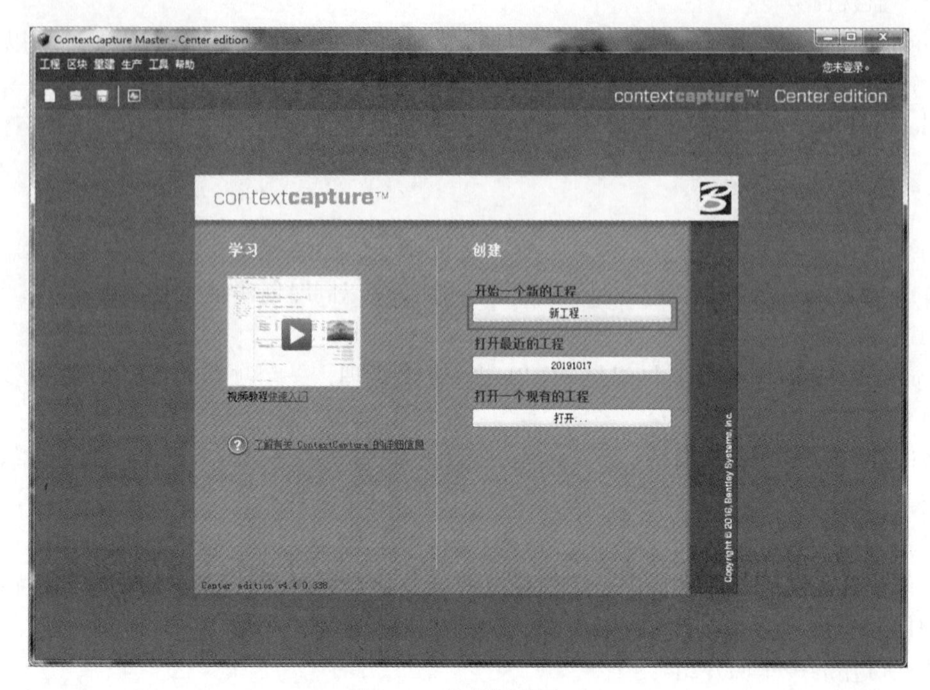

图 6-15　软件新建界面

照片文件夹同名，如 Hongan20190805。

本案例为了简单起见，工程名称取“Test”，工程目录用了汉字，这里主要是演示，通过本地建模没有发现网上说的“问题”情况。由于是新建工程，没有第三方软件提供的“空三区块”，因此不要忘记勾选“创建空区块”。如图 6-16 所示。

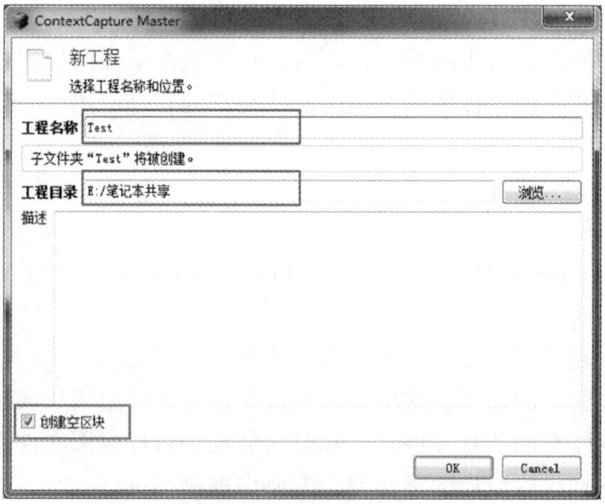

ContextCapture Master
新工程
选择工程名称和位置。
工程名称 Test
子文件夹“Test”将被创建。
工程目录 E:/笔记本共享
浏览...
描述
创建空区块
OK
Cancel

图 6-16　新工程对话框

图 6-17 是新建工程完后的显示界面，可以看到右侧工程导航栏中出现了“Block_1”。

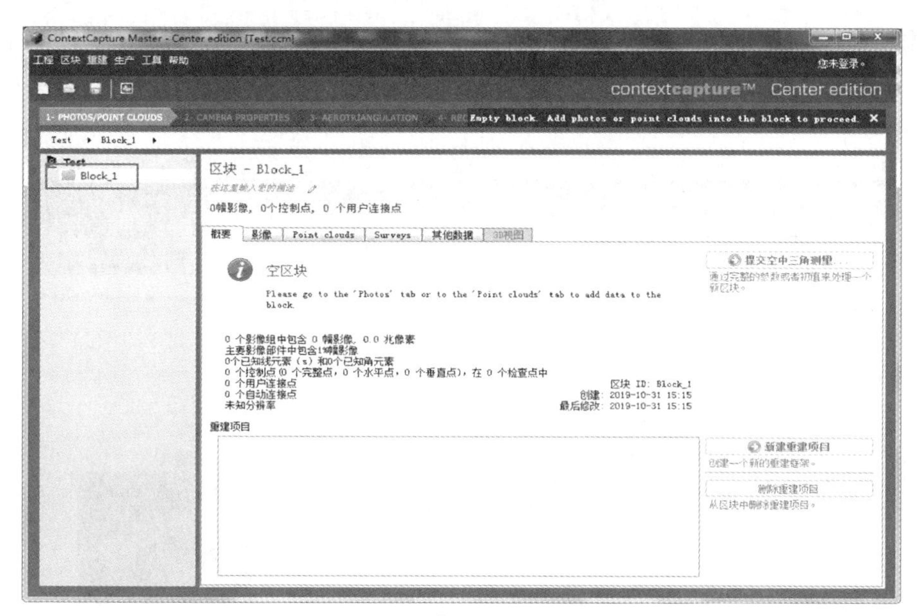

图 6-17　新建工程完后的界面

6.3.3　读入照片

新建项目后，接下来要读入照片。

选择"影像"选项卡，然后单击"添加影像"按钮，可以选择"添加影像选择…"，在弹出的文件对话框中选择所要添加的照片；可以选择"添加整个目录…"，按目录添加要建模的无人机照片。如图 6-18 所示。

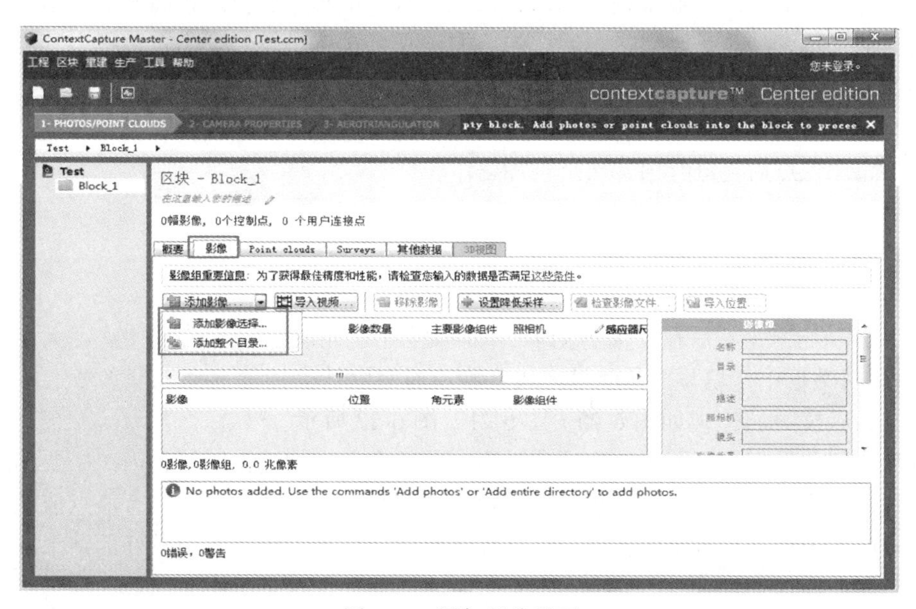

图 6-18　添加照片界面

照片添加完后如图 6-19 所示。由于无人机自带 RTK，所以程序自动读取照片位置信息，但相机的姿态信息显示为“?”，相机的姿态信息需要通过下面的空三加密计算出来。

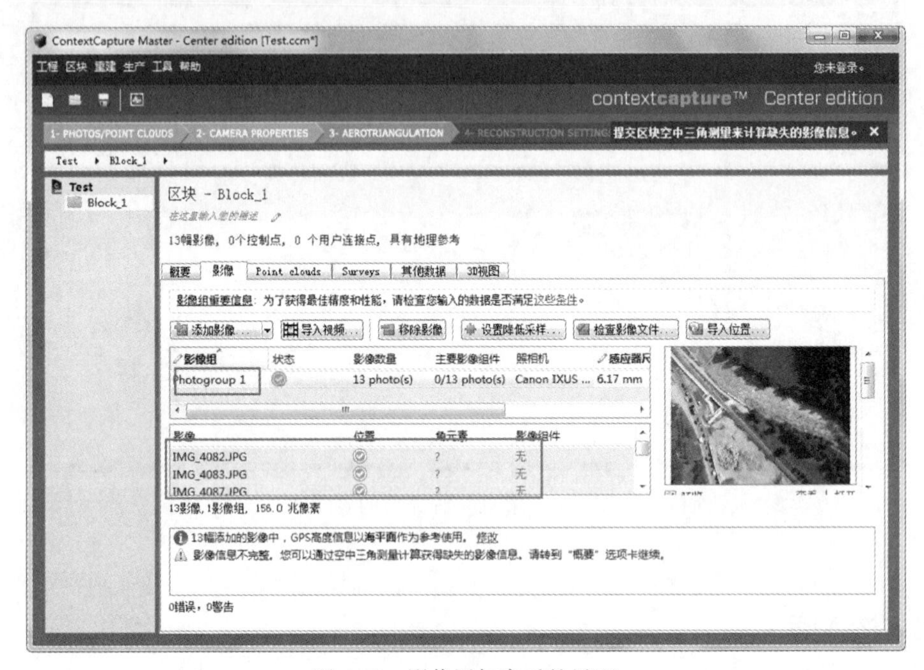

图 6-19　影像添加完后的界面

读入照片后通常为了保险起见，可以点击“检查影像文件…”项目对已读入的照片进行检查，对于显示有问题的照片可以直接删除掉，以便提高空三加密的执行效率。

这里还要特别提示，有的作业技术人员在读入完照片后立即进行添加像控点步骤，然后接着进行空三加密。一般来说，如果无人机飞行质量和摄影质量较高的话，添加完像控点后进行空三加密计算是没有多大问题的。但是无人机重量较轻，飞行过程中其姿态往往控制不好，这种作业流程下空三加密通过率并不高。

因此，针对无人机来说，最好先进行一次无像控点的空三加密计算，然后再添加像控点，添加完像控点后再进行第二次空三加密。

6.3.4　第一次空三加密计算

先点击“概要”，然后在界面右侧单击“提交空中三角测量”，在弹出的“定义空中三角测量计算”对话框中，填写三角测量区块名称，通常默认。接着选择地理参考选项，并依次进行设置后按“提交”。如图 6-20、图 6-21、图 6-22 所示。

这里我们并没有解释图中的选项和设置参数的含义，均选择默认，当然必要的地方还是要特别指出来。其原因主要是想先把作业流程和步骤弄清楚，让我们有一点成就感，等我们熟悉后再去提高。事实上，这个软件大多数默认情况下也能得出较好的结果。

图 6-20　填写区块名称界面

定义空中三角测量计算

定义空中三角测量计算

空中三角测量计算主要在于自动、准确地估算每幅输入影像的位置、角元素和相机属性（焦距、主点、镜头畸变）。
空中三角测量计算从输入区块开始，然后根据选定参数生成新的完整区块或平差区块。

输出区块名称
影像组件
定位/地理参考
设置

定位/地理参考
选择空三计算的模式。

定位模式
任意的
区块的位置和方向是任意的
无定位
自动垂直
区块垂直方向根据输入的影像方向进行调整。区块尺度和朝向保持任意。
在用户连接点上使用定位约束。
使用影像定位信息进行平差（13/13 影像有定位信息）
该区块根据影像位置进行
有定位
使用影像定位信息进行……位信息）
The block is rigidly re……ons (advised with inaccurate positions).

0个有效的控制点。
区块定义中必须提供控制点才能启用下面的定位模式。
使用控制点进行平差
该区块精确地根据控制点进……制点）。
有像控
使用控制点进行严格配准
该区块被严格配准到控制点……（建议使用不准确的控制点）。

< 后退　下一步　提交　取消

图 6-21　选择地理参考选项

图 6-22　空三加密计算相关参数设置

图 6-23 是正在执行空三加密计算，图 6-24 是开启 Engine 执行空三加密计算。

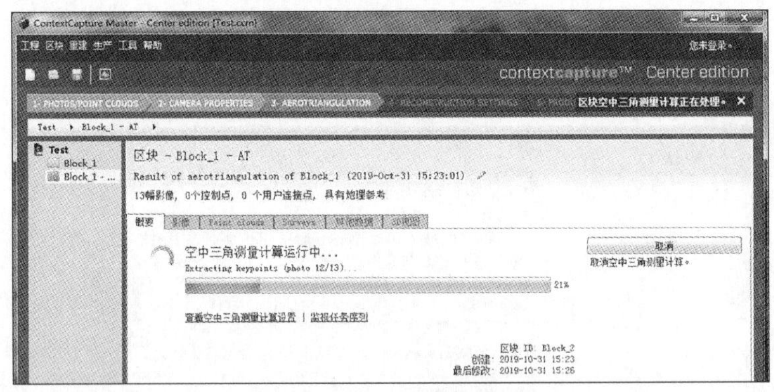

图 6-23　执行空三加密计算界面

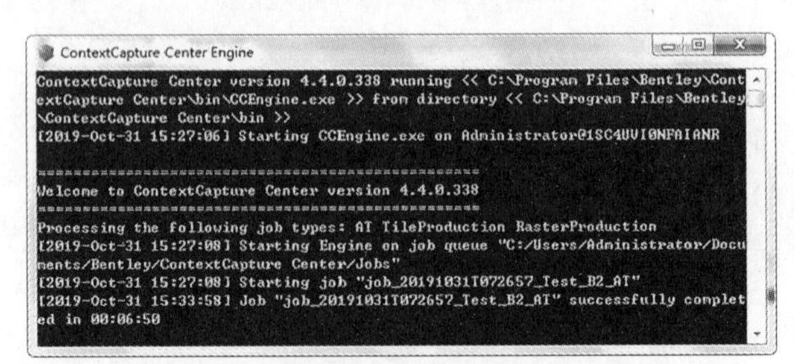

图 6-24　Engine 执行空三加密计算界面

图 6-25 是执行完空三加密后的界面。单击“影像组”后点击影像栏中任一照片，界面右侧显示了本照片摄影瞬间相机的位置和姿态参数值。

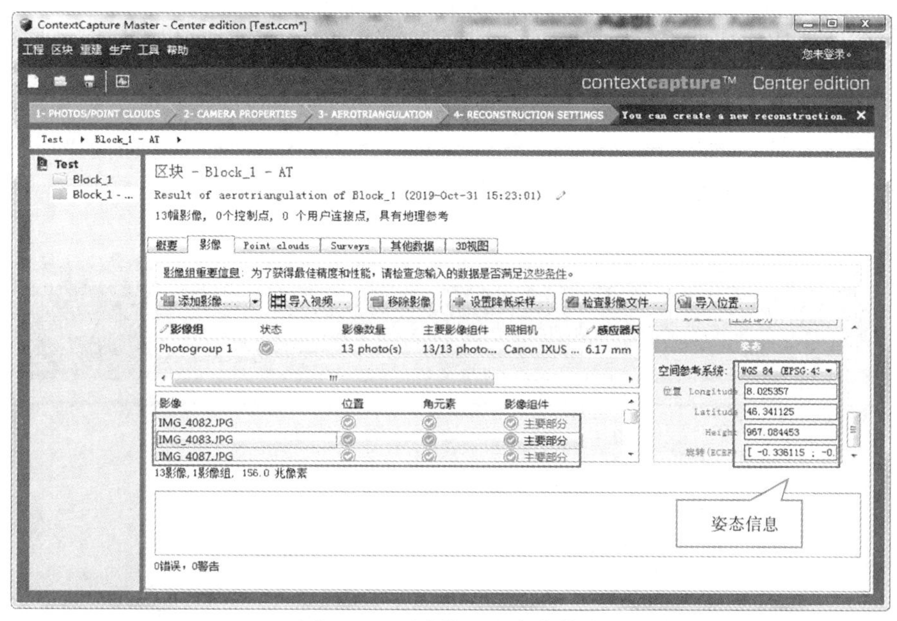

图 6-25　照片位置和姿态信息

单击“3D 视图”，界面中间显示出空中相机摄影瞬间与地面的位置关系，如图 6-26 所示。由于没有像控点约束，因此其位置精度与摄影时的 RTK 精度相同。

图 6-26　软件新建界面

6.3.5　添加像控点并刺点

像控点的作用是保证所建的模型与地面实际更好地相吻合，这样的模型才能应用于实际，才能进行后续的地形地籍图测绘。

单击"Surveys"(这里可翻译为测量或控制测量，因为这里面包括有像控点、模型检查点、像片连接点等)，如图 6-27 所示。然后点击"编辑控制点"按钮，弹出了"控制点编辑器"对话框，如图 6-28 所示。

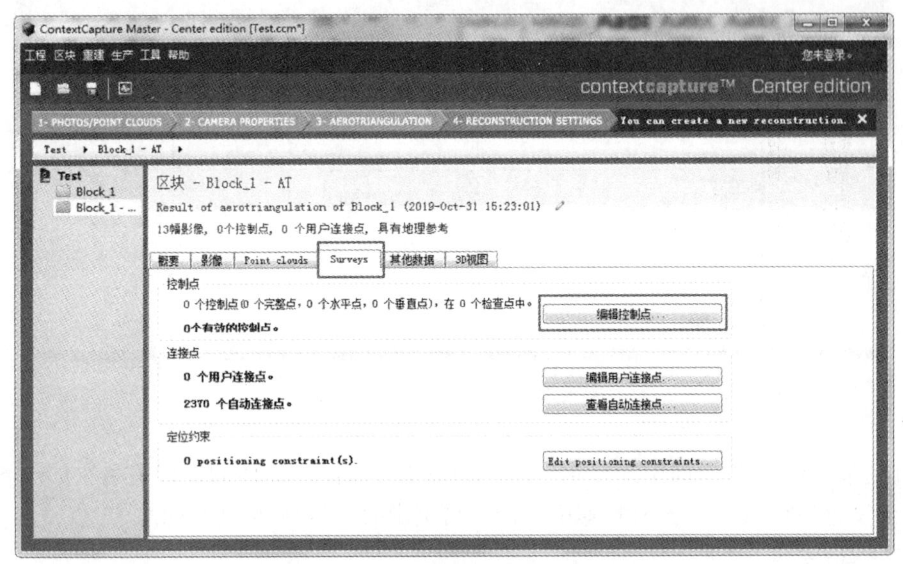

图 6-27　软件新建界面

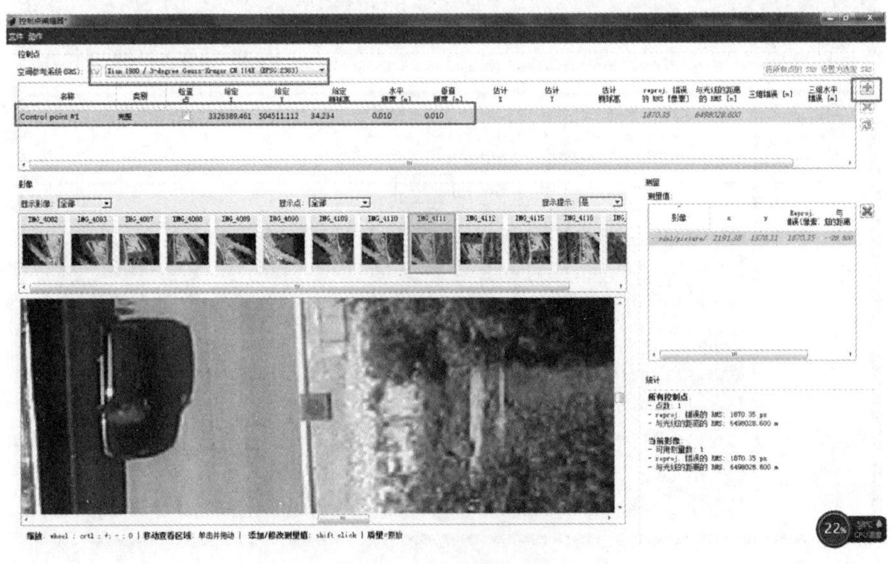

图 6-28　软件新建界面

在图 6-28 所示界面中，点击界面右上角的“+”按钮，在“空间参考系统”下拉选项框中，选择像控点所属的投影坐标系；接着在显示的表格中分别输入像控点点号、坐标及高程，并输入合适的平面及高程精度。

接下来选择像控点了。首次选择显示全部影像，在像控点所在的照片上找到像控点标记，精确对准标志中心后，左手按住 Shift 键不放，右手左键单击标志中心，标志中心显示“+”。

按照上述操作方法依次输入所有像控点并精准刺点。

说明：如果该像控点只是检查模型精度，此时应在表格中的检查框中打上“√”，程序会统计出检查点的误差。

一般来说，像控点至少需要 3 个才能满足建模要求，但通常选择 6 个最好，主要目的是控制模型并提高其精度。

6.3.6 第二次空三加密与模型生产

点击“Block_1-AT”重新回到“概要”界面，再次点击“提交空中三角测量”，在弹出的“定义空中三角测量计算”对话框中，按照图 6-20、图 6-21、图 6-22 所示填写。不过图 6-21的选择还是有区别的，由于输入了像控点，所以在“地理参考”这栏中要选择“使用控制点进行严格配准”，最后按“提交”，程序执行第二次空三加密计算。

空三加密完成后，在界面上方显示“影像信息完整”“区块可进行三维重建”等信息，表示可以进行模型生产了。如图 6-29 所示。

单击图 6-29 右下方的“新建重建项目”，界面变为图 6-30，图中显示“可进行生产”信息。在开始建模前需要对模型的“空间框架”和“处理设置”进行设置。

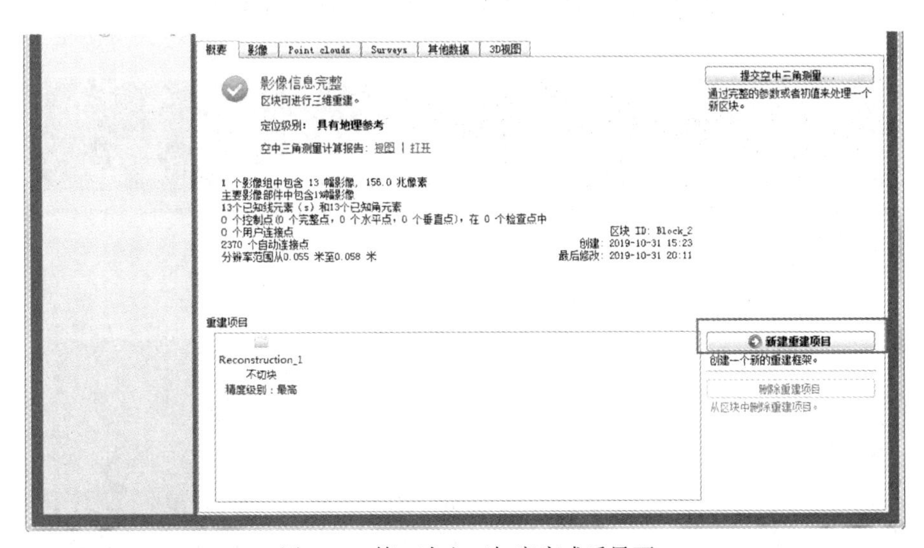

图 6-29　第二次空三加密完成后界面

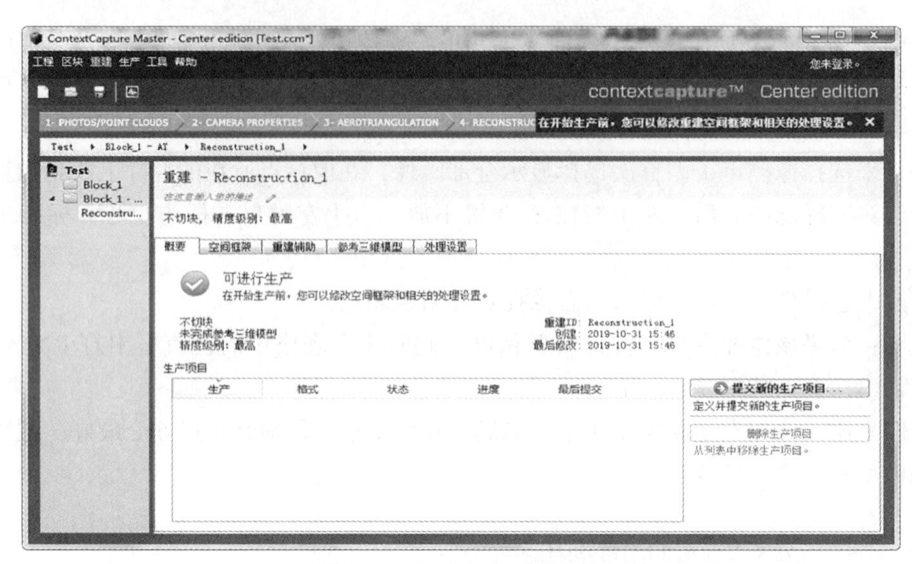

图 6-30　新建生产项目界面

(1)单击“空间框架”，在“空间参考系统”栏右边下拉选项中选择像控点所属的投影坐标系。当模型较大时，会提示建议分块建模，这时需要在“切块”框中的“模式”下拉选项中选择。“切块”的含义是指当模型较大时，由于机器内存较小，不足以支持程序建模对内存的要求时，将模型分成多个小块分开建模，建模完后再合成一个模型整体，其实质是解决内存不足时的一个处理办法。

如果选择“规则平面格网切块”的话，需要填入运行内存大小，一般选择比机器内存小的数值。

如果选择“自适应切块”，则程序自动填上内存数值。一般情况下，如果不清楚如何确定内存大小的话，直接选“自适应切块”选项就行了。如图 6-31 所示。

图 6-31　空间框架选择

本例由于模型较小，只需要 1.2G 内存就够程序运行，因此不需要切块。

(2)点击“处理设置”项，如图 6-32 所示，显示的所有选项栏中要重点关注“几何精度”，其下拉选项中有“中等”“高”“最高”和“超高”四项。显而易见，其对应的模型精细度是依次增高的。

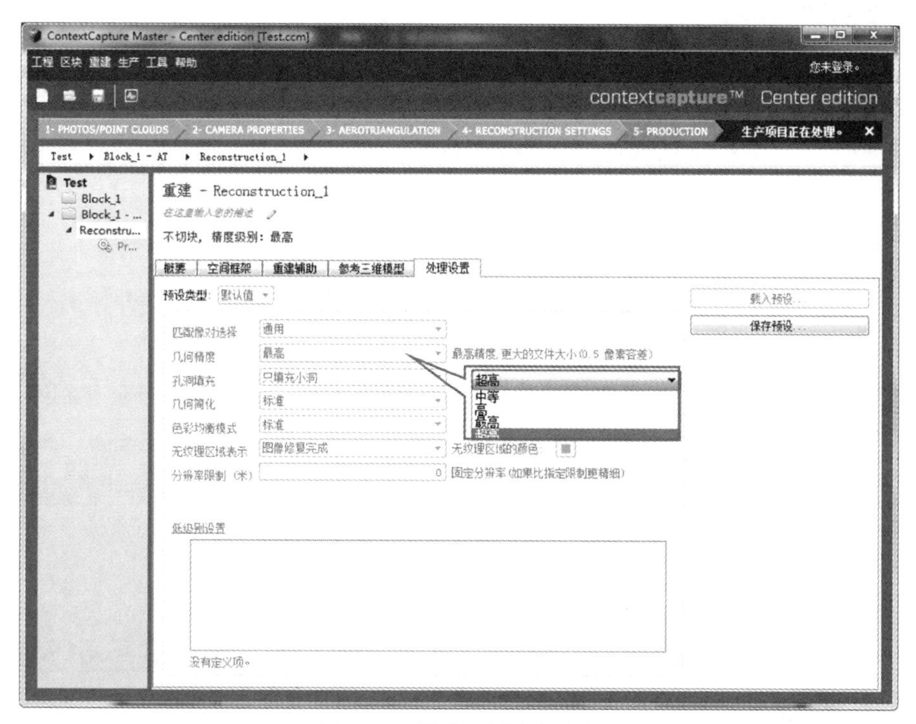

图 6-32　模型几何精度选择

选择“超高”时模型精细度最高，但同时会消耗大量内存和计算时间，对于较大区域的模型需要慎重选择。“最高”选项对于较大区域模型较合适，显示只有 0.5 个像素容差，不但可以保证模型精细度，而且时间效率较高。

(3)点击“概要”回到图 6-32 界面，单击“提交新的生产项目…”按钮，在弹出的图 6-33“生产项目定义”对话框中，填写生产模型名称，通常默认即可。

点击“下一步”，在生产项目栏中点选“三维网络”，其含义是生产三维立体模型。从图 6-34 中列出的选项可以看出，还可以生产“三维点云”“正射影像/DSM”等。本例主要是演示生产“三维模型”，“三维点云”和“正射影像/DSM”生产可以自己练习。

继续点击“下一步”，选择生产模型的文件格式。从图 6-35 可以看出，ContextCapture 软件支持多种模型文件格式，可供多个第三方软件应用。对于测绘行业而言，通常选择 OSGB 文件格式用于国内第三方软件立体测图。本例主要是演示三维模型，所以选择 S3C 文件格式，便于浏览模块 Acute3D Viewer 浏览。

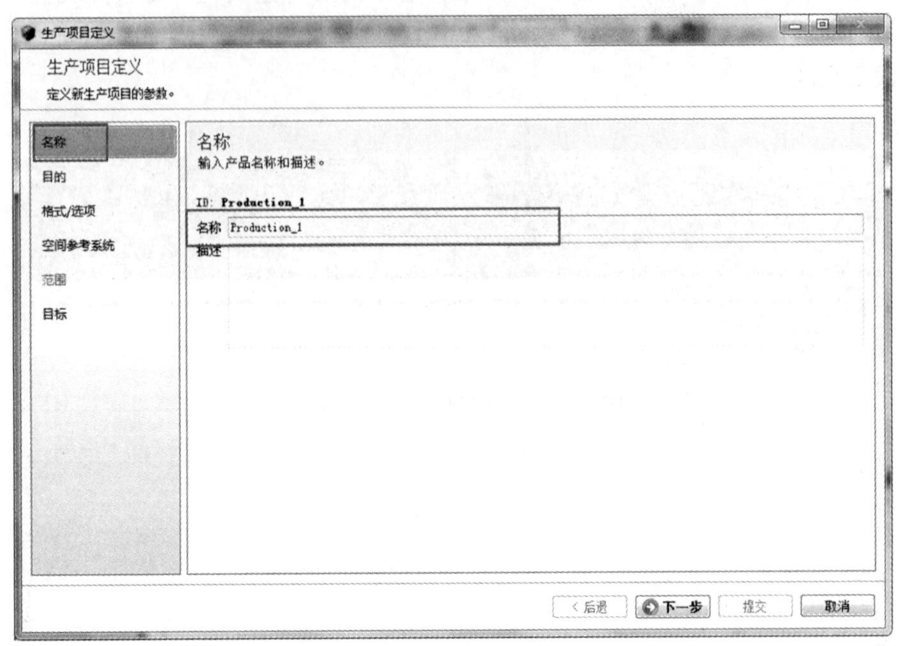

图 6-33　三维模型名称

图 6-34　选择生产三维模型

图 6-35 模型文件格式选择

继续点击“下一步”，在空间参考系统栏，在下拉选项中选择与像控点相同的投影坐标系统，如图 6-36 所示。

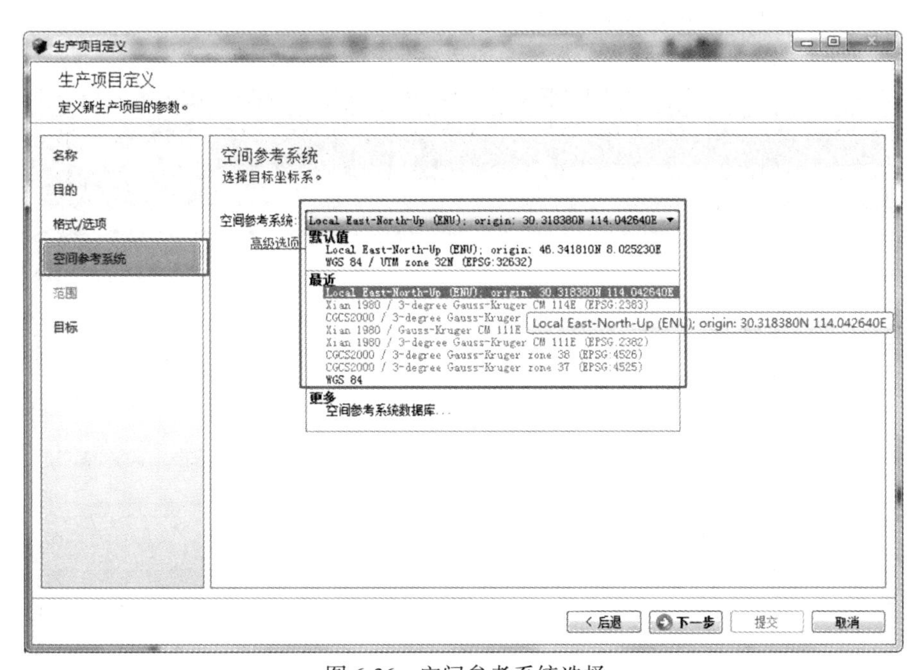

图 6-36 空间参考系统选择

再继续点击“下一步”，在输出目录栏选择任一文件夹，程序生产的模型被放在该文件夹下面。如图 6-37 所示。

图 6-37　选择输出模型目录

最后一步，点击“提交”，程序进入模型生产环节，如图 6-38 所示。这里要说明的是，模型生产环节需要耗费较长的时间，其时间长短取决于机器性能。单机通常用工作站，但更多的公司都是采用多台机器集群运算。

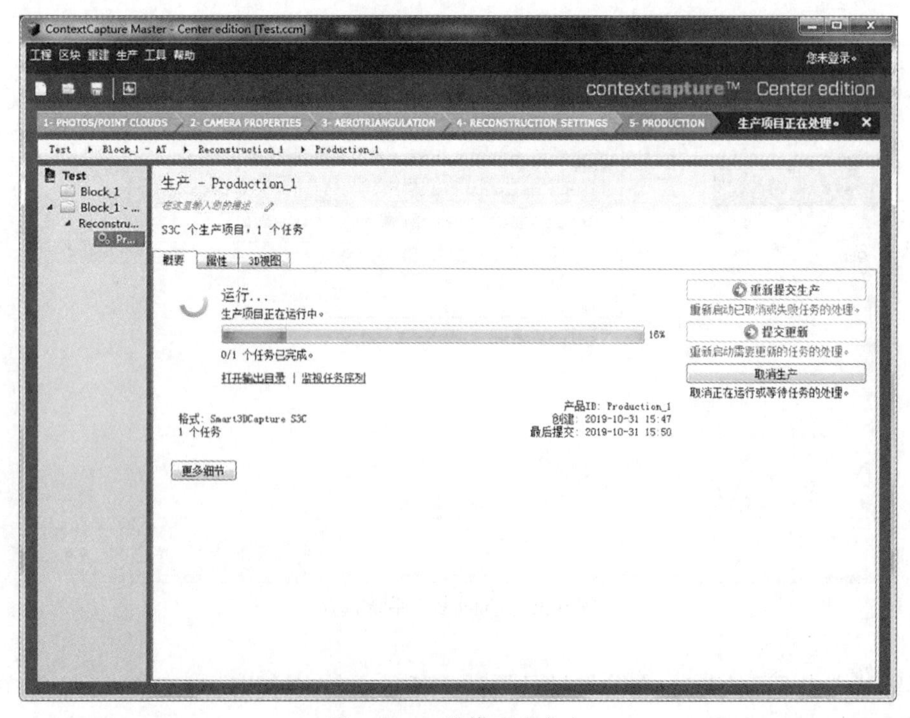

图 6-38　三维模型生产中

图 3-39 显示的是三维模型生产完成后的界面。

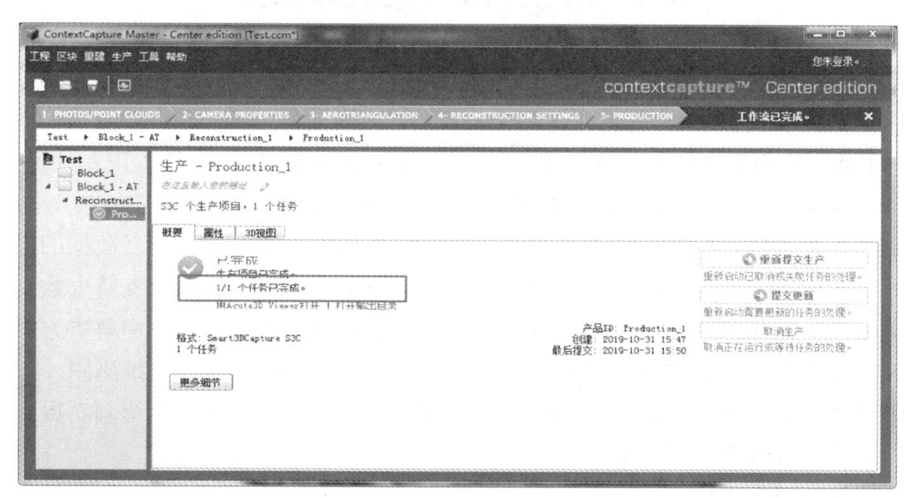

图 6-39 模型生产完成后界面

6.3.7 三维模型浏览

点击图 6-39 中的蓝色字体“用 Acute3D Viewer 打开”，启动 Acute3D Viewer 三维模型浏览模块，我们可以看到刚刚生产完的三维模型，如图 6-40 所示。在此浏览器中可用鼠标进行缩放、旋转；也可以选择菜单“工具”里面的测量工具，测量点的坐标、两点间距离、多边形面积和体积等。

图 6-40 三维立体模型显示

6.4 EPS2016 三维立体测图

EPS 三维测图系统 V2.0 是北京山维科技股份有限公司基于 EPS 地理信息工作站研发的自主版权产品，提供基于正射影像(DOM)、实景三维模型(OSGB)、点云数据(机载 LiDAR、车载、地面激光扫描、无人机等)二三维采集编辑工具，可实现基于正射影像 DOM 和实景表面模型的垂直摄影三维测图；基于倾斜摄影生成的实景三维模型的倾斜摄影三维测图；基于各种机载 LiDAR、车载、地面激光扫描、无人机等点云数据的点云三维测图以及基于倾斜摄影生成的实景三维模型的虚拟现实立体测图，系统支持大数据浏览以及高效采编库一体化的三维测图，直接对接不动产、地理国情等专业应用解决方案。

EPS 三维测图系统由四部分组成：垂直摄影三维测图、倾斜摄影三维测图、点云三维测图、虚拟现实立体测图，涵盖了当前主要的测图方式。本小节主要介绍倾斜摄影三维地形测图，其他三维测图过程类似。

EPS 三维测图系统特点：

(1)支持直接调用倾斜摄影生成的模型，如 ContextCapture Center 生成的 OSGB 格式三维模型。

(2)支持海量数据快速浏览，可以加载超大规模的 DOM 影像和立体模型。

(3)支持多窗口同步测图、二三维联动，方便多视图下的立体测图数据采集，提高地形图要素采集的精度。

(4)支持二、三维采编建库一体化，实现信息化与动态符号化。

(5)三维采、编、质检与平台二维功能一致，并提供直观的三维专用功能。

(6)提供所采地物根据指定位置快速升降高程信息。

(7)支持透视投影与正射投影切换。

(8)支持模型切割去除植被与高楼。

(9)支持轮廓线自动提取。

(10)支持网络化生产，数据统一管理。如在同一局域网络下，可以多人共同协作完成同一立体模型的地形测图。

(11)成果直接对接不动产、常规测绘、管网测量、智慧城市等专业应用解决方案。

6.4.1 EPS 工作台及软件界面

1. 工作台界面及设置

1)工作台界面

由于 EPS 是一个集成了诸多功能软件模块的工作站，每个功能软件模块具有不同的软件界面，我们可以把它看作一个功能独立的工作平台。

图 6-41 是启动 EPS2016 后的工作站(三维测图系统)界面。

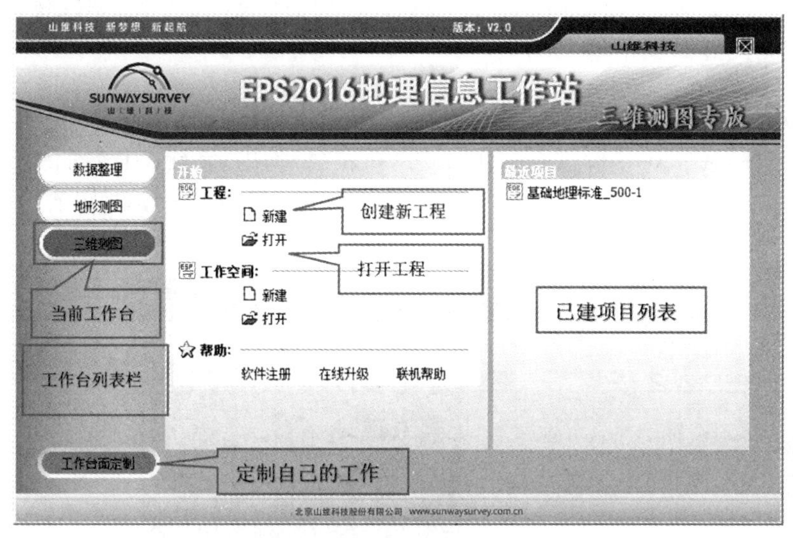

图 6-41 EPS2016 工作站界面

由于 EPS 是一个集成了诸多功能软件模块的工作站，每个功能软件模块具有不同的软件界面，为了界面简洁，EPS 将其定义成不同功能独立的工作平台。下面介绍其设置。

2) 工作台设置

(1) 单击界面左下角“工作台面定制”按钮；

(2) 在弹出的“工作台面定制”对话框的编辑框中输入“三维测图”；

(3) 在图 6-42 右侧列表框中勾选三维测图需要的模块(使用模块，编辑平台、脚本必须勾选)。

(4) 按“确定”后返回，工作站界面的工作台列表中显示出“三维测图”工作台。

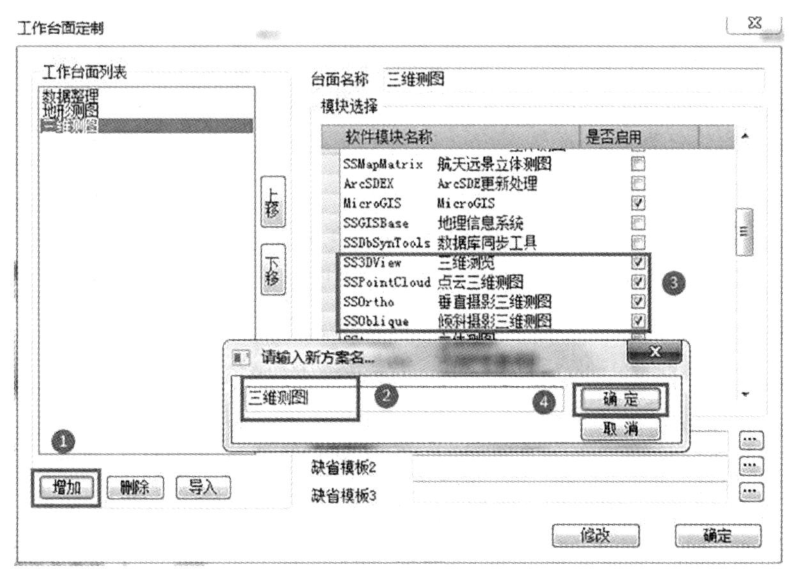

图 6-42 EPS2016 工作台

2. 三维测图界面及菜单

1) 三维测图主界面

在工作站界面(图 6-41)，点击工程下的“新建”，弹出“新建工程”对话框，在对话框中，需要选择”基础地理标准_500-1”，点击“确定”后，界面如图 6-43 所示。

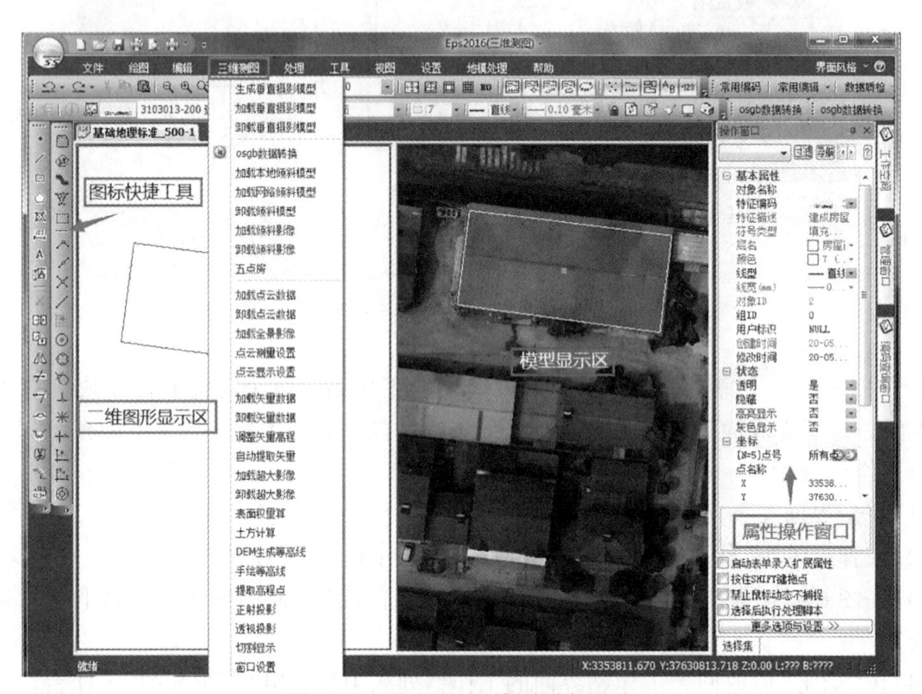

图 6-43　EPS2016 三维测图主界面

EPS 三维测图界面与地形测图界面的不同主要体现在绘图显示区上，如图 6-43 所示。地形测图界面的绘图显示区只有 1 个，而三维测图界面可以设置 2~4 个。其主要作用是将模型三维显示区、二维图形显示区、立体图形显示区、影像显示区分割开来显示，方便作图。当然，这些显示区之间可以联动。

单击主菜单“三维测图”→“窗口设置”，如图 6-43 所示。在弹出的“窗口设置”对话框中可以设置。对于三维测图而言，一般只选择二维图形显示和三维模型显示两个窗口。

2) 三维测图菜单

与 EPS 坐标数据测图相比，这里主菜单中多了一个“三维测图”子菜单。如图 6-44 所示。

“三维测图”菜单包括：垂直模型测图(垂直模型的生成、加载和卸载)、倾斜模型测图(OSGB 数据格式转换、倾斜模型加载和卸载)、点云数据测图(点云数据加载、卸载)、矢量影像加载和卸载，以及相关工具。

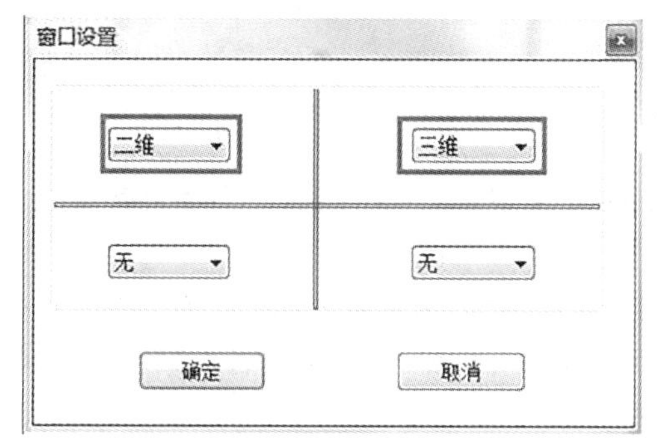

图 6-44 绘图显示区窗口设置

6.4.2 EPS 三维测图操作流程

根据倾斜摄影模型进行三维测图的生产流程图如图 6-45 所示：

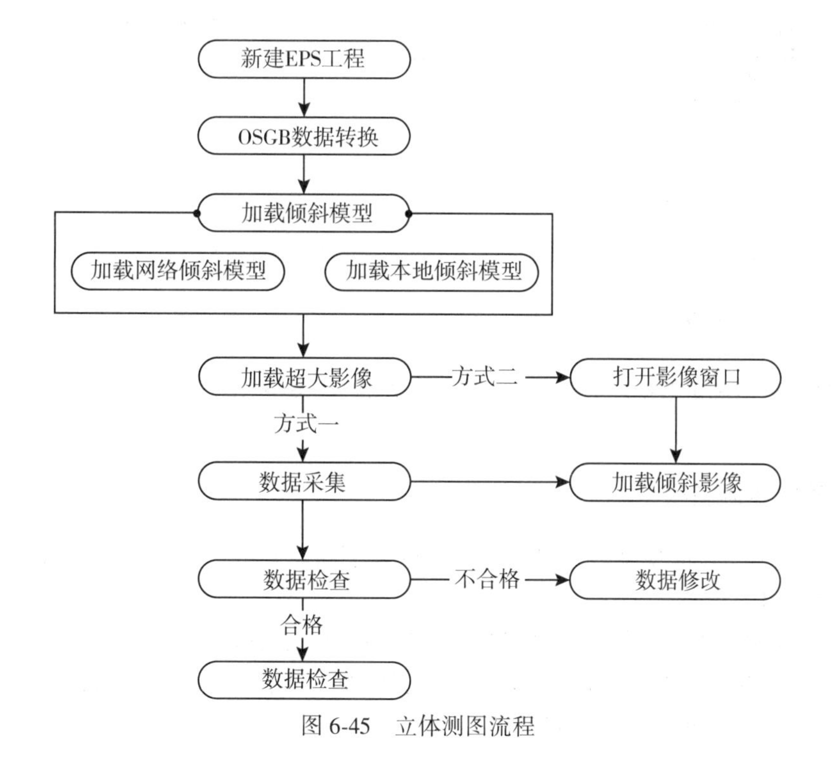

图 6-45 立体测图流程

6.4.3 数据加载

EPS 三维测图的第一步是加载测图数据。与前面介绍的坐标数据绘制地形图不同，这里的数据指的是立体模型数据。EPS 主要针对的是 ContextCapture Center(Bentley 公司收购之前称之为 Smart3D，以下简称 CC) 软件生成的 OSGB 格式的实景表面模型的数据，如实景表面模型、影像等。

1. OSGB 数据转换

由于 CC 处理出来的 mesh 模型 OSGB 格式数据不能直接加载，需要进行转换，EPS 提供了转换功能。

(1)单击主菜单“三维测图”→“osgb 数据转换”，菜单如图 6-46 所示。

(2)在弹出的如图 6-47 所示对话框中，分别输入倾斜摄影的 data 文件目录(瓦片数据)与元数据文件 metadata. xml。

(3)点击“确定”后，软件便进行自动转换，底部状态栏显示转换进度条。结束后在 data 文件目录下生成 Data. dsm 实景表面模型文件。

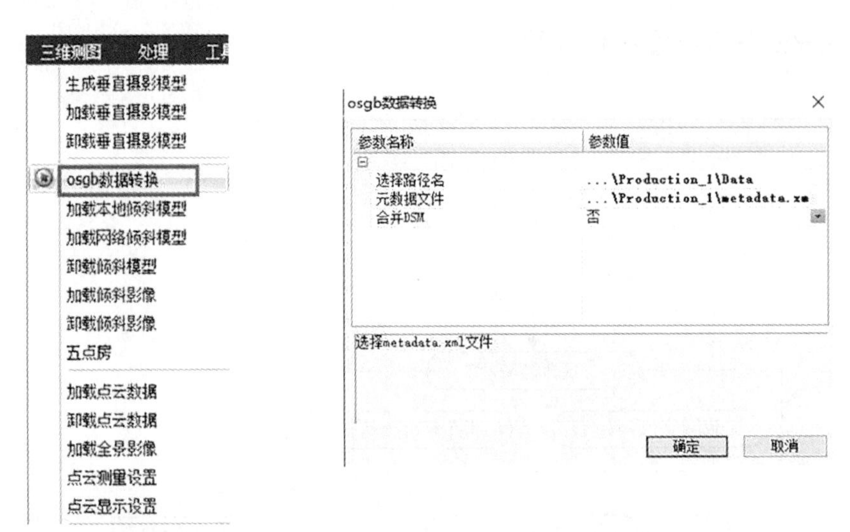

图 6-46　OSGB 数据转换　　　　图 6-47　OSGB 数据转换对话框

2. 加载本地倾斜模型

转换后的 Data. dsm 模型数据是可以识别的。下面需要将这个 DSM 实景表面模型文件加载到三维窗口中来。

(1)单击主菜单“三维测图”→“加载本地倾斜模型”，如图 6-48 所示。

(2)在图 6-49 所示的“打开”对话框中，选择 Data 目录下刚生成的 Data. dsm 倾斜模型文件，在三维窗口中便显示出倾斜模型。

3. 加载网络倾斜模型

如果是多人协同采集数据测绘地形图，则需要将生成的倾斜模型放在可以统一管理局域网内的某个服务器上。这时作业员可以加载网络的数据，网络访问通过 http 或 ftp 进行，这个过程可以进行权限控制。不过，使用网络数据的速度跟使用本地数据几乎是一样的，这样就避免了大数据的拷贝，增强了数据的安全性。

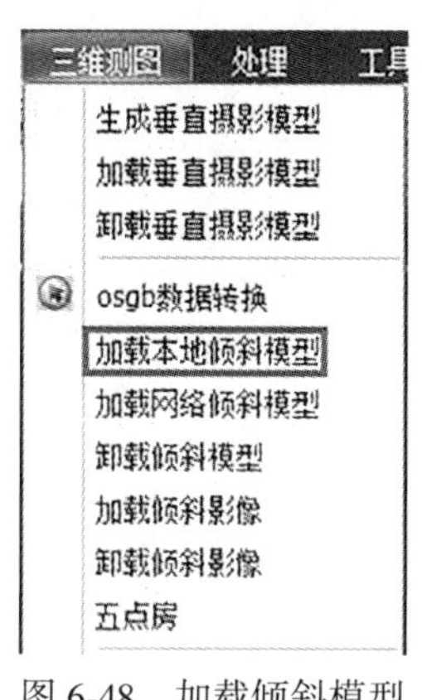

图 6-48　加载倾斜模型

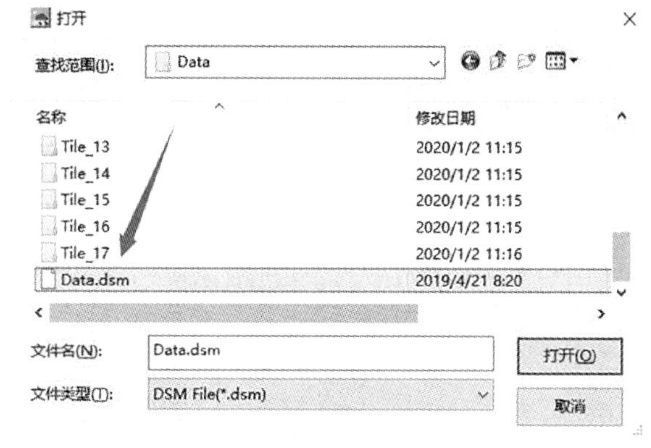

图 6-49　打开倾斜模型

(1)单击主菜单“三维测图”→“加载网络倾斜模型”，如图 6-50 所示；

(2)在弹出的如图 6-51 所示的“打开”对话框中通过服务器的 IP 地址来访问加载 DSM 实景表面模型，模型可存储在服务器上使用。

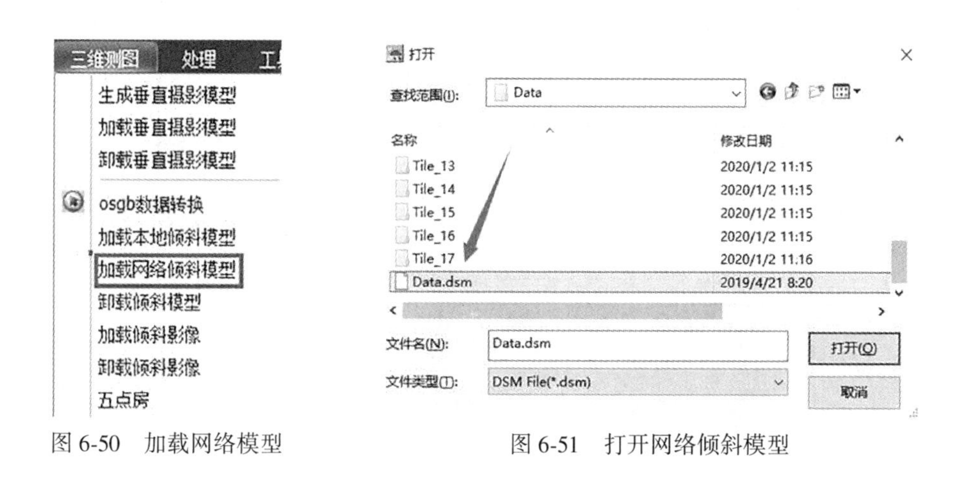

图 6-50　加载网络模型

图 6-51　打开网络倾斜模型

4. 加载超大影像

EPS 支持加载超大的数据影像，如超大的正射影像数据 DOM。加载超大影像可以更好地方便作业员对影像上的要素进行更准确的数据采集。加载后第一次转换会自动创建一个 OVI 格式的与 tif 同名的文件。

提示：加载超大影像 DOM 时，目录下要有同名的 TFW 坐标文件。

(1)单击主菜单“三维测图”→“加载超大影像”，如图 6-52 所示。

(2)在弹出图 6-53 所示对话框中选择超大影像文件。超大影像自动加载到二维窗口中。

5. 加载倾斜影像

有时候当作业员为了更准确地捕捉要素位置，也可以将倾斜照片加载进来，用空三加密影像来弥补模型的不足，利用多窗口多视角光标联动，相互参考提高精度。

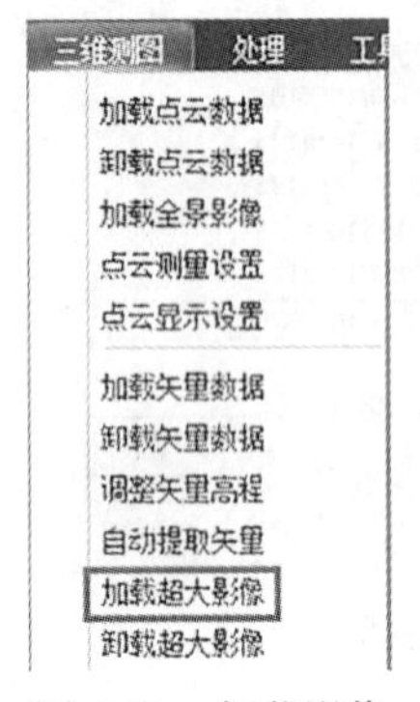

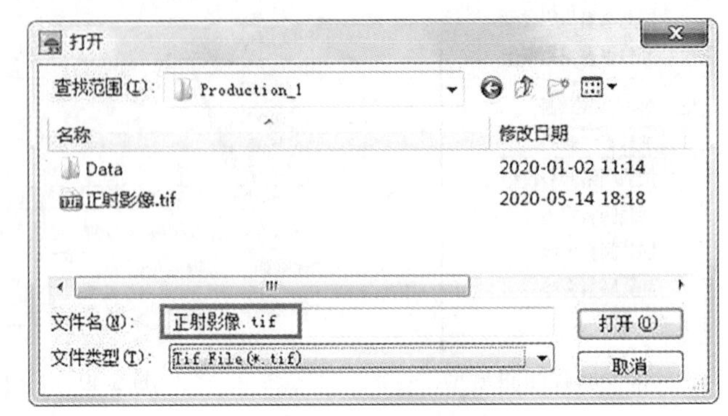

图 6-52　加载影像　　　　图 6-53　打开超大影像

当用这种方式在影像窗口中加载倾斜影像时，需先进行窗口设置，窗口设置菜单如图 6-54(a)所示。

单击菜单"三维测图"→"窗口设置"，在窗口设置对话框中，将左下角设置为"影像"窗口。如图 6-54(b)所示。

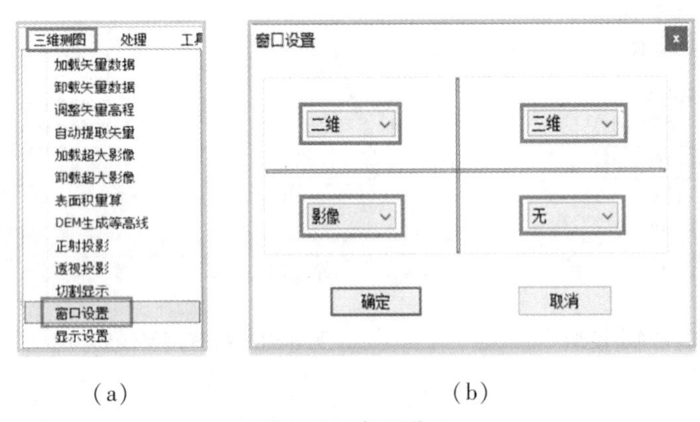

(a)　　　　(b)

图 6-54　窗口设置

下面介绍加载倾斜影像。操作方法如下：

(1)单击菜单"三维测图"→"加载倾斜影像"，如图 6-55 所示。

(2)在弹出的打开对话框中，如图 6-56 所示，选择影像文件(可选择多个)，点击"打开"即可。

(3)首先确认加载过本地倾斜模型" *. DSM"；

(4)加载过超大影像(DOM 正射影像)；

(5)再加载影像" *. xml"。小窗口可按 Ctrl+鼠标右键查看影像的放大比例。

图 6-57 为加载倾斜影像后的显示图。不过，由于计算机内存和显示屏的限制，倾斜影像和正射影像并不是必需的。

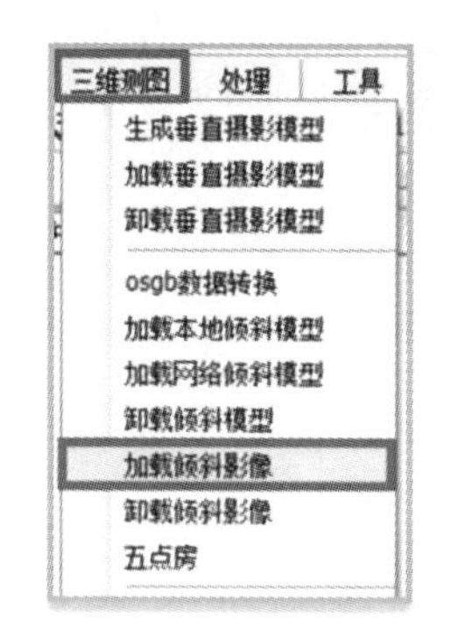

图 6-55 加载倾斜影像

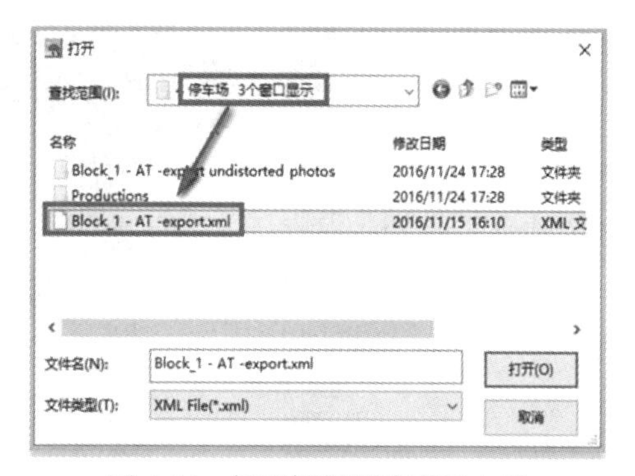

图 6-56 打开倾斜影像索引文件

图 6-57 加载倾斜影像示意图

6.4.4 基本绘图基础

1. 要素编码

EPS 绘图的所有地物和注记对象的表达以要素类型为基础，用不同的要素编码表达，绘制地物需选择相应的编码。

EPS 系统规定：绘制地物要素前，必须先选择地物要素编码！

EPS 要素编码有两种选择方式：

(1)通过对象属性工具条要素输入框选择要素编码。

启动方式：在对象属性工具条要素编码输入框中输入编码、汉字(模糊查询)或选择列表中相应编码。

对象属性工具条要素编码输入框如图 6-58 所示。

(2)单击绘图显示区右侧操作窗口属性管理选项卡“编码查询窗口”，如单击“房屋面”下的“建成房屋”，如图 6-59 所示。

图 6-58　编码列表框

2. 常用快捷命令工具条

EPS 三维测图系统界面工具条设置：可在图标工具条上任意位置单击鼠标右键，如图 6-60 所示。在屏幕菜单栏上勾选即可。通常最常用的三维测图工具条和常用要素编码工具条建议勾选上。

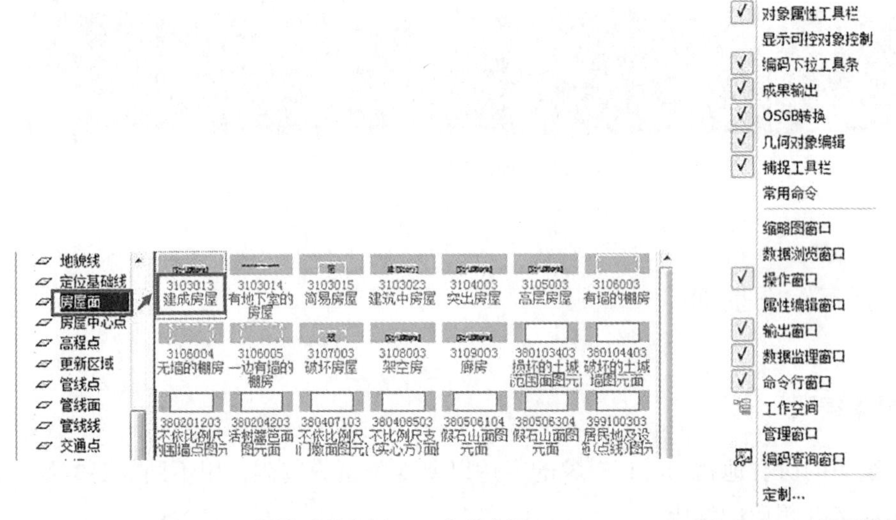

图 6-59　房屋面列表框——建成房屋　　　　图 6-60　工具条设置

1) 三维测图工具条

三维测图工具条包括：常用编码(可将常用的编码录入保存，方便选择)、常用编辑(列出了大多数地物要素编码)、数据质检、成果转换(与南方 CASS9.1 的图形文件互转换)。如图 6-61 所示。

图 6-61　三维测图工具条

2)常用要素编码工具条

主要包括：OSGB 数据转换，以及常用的测量控制点(各类控制点)、居民地、交通、管线、境界、地貌、植被等地物要素编码。如图 6-62 所示。

osgb数据转换 osgb数据转换 测量控制点 ▾ 水系 ▾ 居民地 ▾ 交通 ▾ 管线 ▾ 境界 ▾ 地貌 ▾ 植被 ▾ 标面积

图 6-62 常用要素编码工具条

3. 点地物绘制方法

使用加点功能，绘制以点状表示的地物，如高程点、路灯、独立树等。

启动方式：单击工具条图标 +(加点)，然后按如下操作步骤进行操作：

(1)在对象属性编码栏中输入代码，如高程点编码：7201001。如图 6-63 所示。

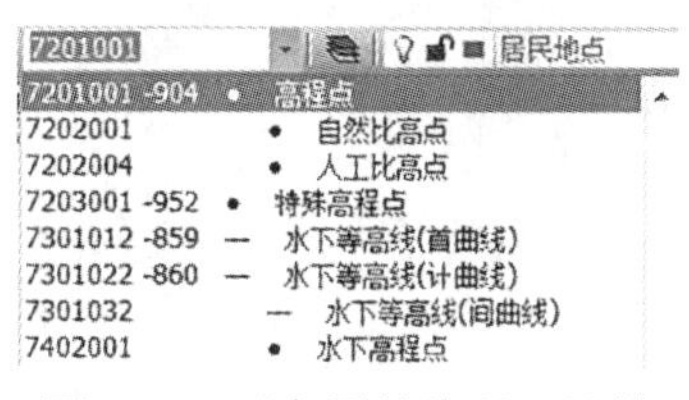

图 6-63 对象属性编码工具栏

(2)鼠标在三维窗口绘图区点击即可。如图 6-64 所示。

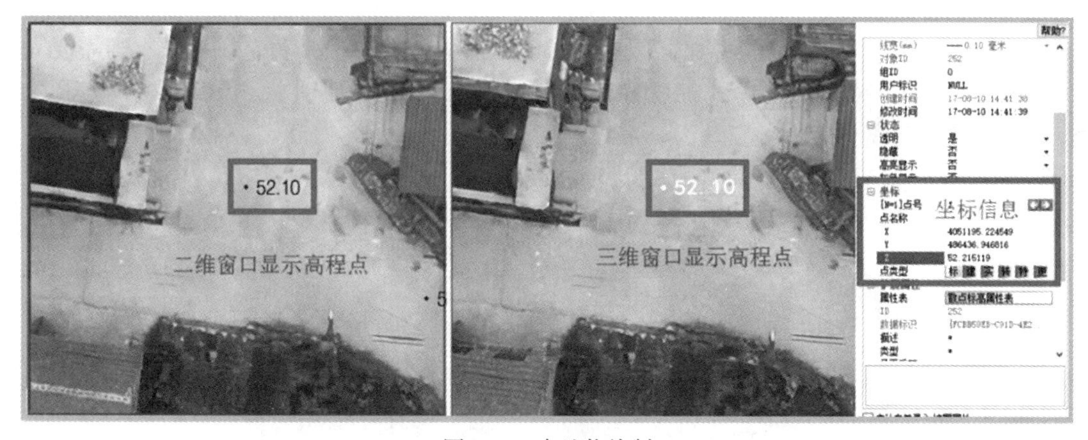

图 6-64 点地物绘制

4. 线/面地物绘制方法

使用画线功能，绘制以线状或面状表示的地物，包括房屋、道路、地类界、斜坡等。绘制中，地物宽度不同的分段绘制，使用捕捉以避免悬挂。

启动方式：单击工具条图标 ⁄(加线)或 ⌂(加面)。然后按如下步骤操作：

(1)在如图 6-63 所示的对象属性工具条编码栏中输入代码，如：4305024、3103013；
(2)鼠标依次点击对象的各节点；
(3)右键确认。对于闭合线/面，按 C 键结束。如图 6-65 所示。

5. 注记绘制方法

启动方式：单击图标工具条 A (加注记)，按如下步骤操作：
(1)在如图 6-63 所示的对象属性工具条编码栏中输入注记分类号，如：4990004。
(2)在如图 6-66 所示的注记线型中选择注记线型，默认单点类注记。

图 6-65　线/面地物绘制

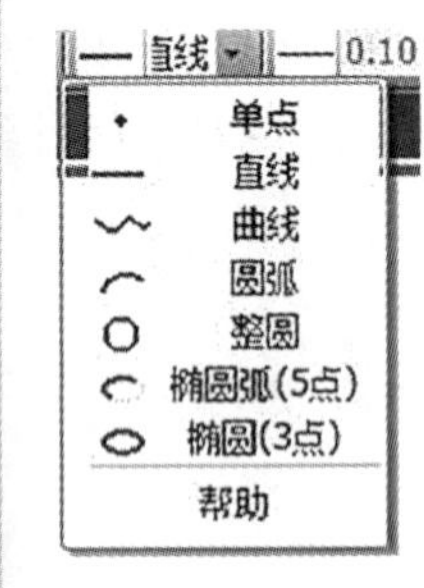

图 6-66　注记线型

(3)在屏幕上用鼠标左键单击，录入注记内容。若在(2)中选择的是其他线类注记，则继续点击注记位置。

(4)确定。若是单点的注记，屏幕上即立刻出现增加的注记，若是线类的，则需要人工用鼠标左键单击确定每个节点的位置，绘制好后点击右键确定。

绘制文字如图 6-67 所示。

图 6-67　绘制文字注记

6.4.5 常用快捷键的使用

EPS 系统有许多快捷命令，下面是在二维测图、三维测图数据采集中常用的快捷键，需要记住。

1. 二维窗口快捷键的使用

常用快捷键：A、C、X、W、E、Z、S、D、F、V、G，功能如下。

A：加点。将光标位置点加入当前点列。

C：闭合(打开)。使打开的当前线闭合，闭合的当前线打开。

X：回退一点。从当前点列的末端删除一点。

W：抹点。从当前点列中删除光标指向点，不分解当前对象。

E：任意插点。将光标位置点就近插入当前点列。

Z：点列反转。若需要从当前线的另一端加点时单击此键。

S：捕矢量点。将光标指向的矢量点加入当前点列。

D：线上捕点。将鼠标滑动线与某一最近矢量线的交点加入当前点列。

F：接线。拾取光标指向的某一线对象与当前线就近连接。

V：捕捉多点。在加线状态下将光标位置点与当前线末点所截取的在某一线上的一段加到当前线上，采点方向符合顺向原则。

G：快捷面填充。默认上次填充的面编码，否则填充 2 面。

2. 三维窗口快捷键的使用

Shift+A：采集地物过程中提升采集点的高程。

A：升降整体高程，建立体白模型常用到。

Ctrl+鼠标左键组合：根据墙面采集多点房时常用。

Ctrl+A：锁定高程。

双击滚轮快速定视点。

6.4.6 地形绘制与绘图编辑

此节主要描述在三维测图倾斜摄影模式下地形要素的绘制。

1. 房屋的绘制

采集好的图形只保留了房子的角点，扩展属性，图形特征(房子高度)，每个点都有空间 x，y，z 坐标，内部的注记等制图表现都是根据扩展属性动态符号化出来的，数据符合制图与信息化要求，也具有三维白模的空间高度信息。

1)房屋(五点房)

对于常规的普通四点房，只需要点击 5 个点，程序即可生成房屋，生成的房屋可以修改扩展属性，降到地面并获取高度。有以下四种绘制方法。

A. 无房檐情况下，操作方法和步骤如下：

(1)先选择建成房屋要素编码。单击常用要素编码工具条中的“居民地”→“建成房屋”，如图 6-68 所示；也可以在对象属性编码编辑栏中输入汉字“建成房屋”或编码“3103013”。

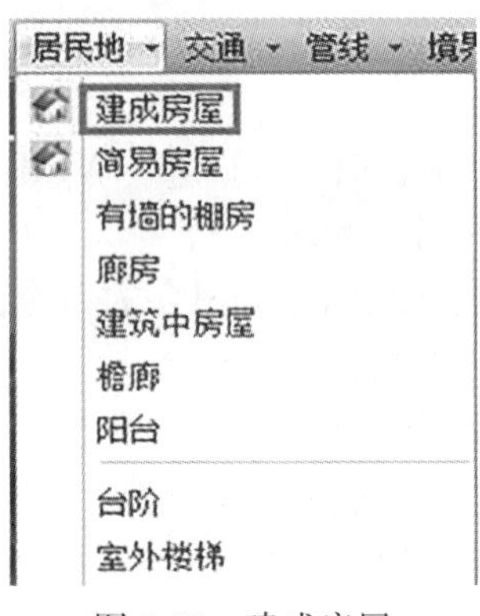

图 6-68　建成房屋

(2)启动五点房命令。单击主菜单“三维测图”→“五点房”；

(3)在房屋各边上共采集 5 个点。在房屋的第一条边点击 2 个点，其余 3 条边各点击 1 个点，如图 6-69 所示。

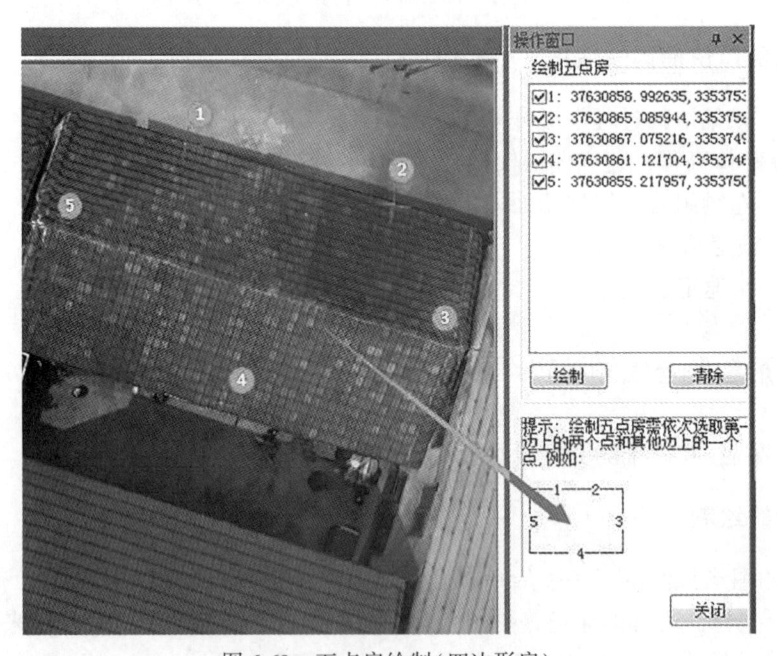

图 6-69　五点房绘制(四边形房)

(4)最后点击功能菜单上的“绘制”按钮，绘制出房屋。

(5)选择刚绘制的房屋，在操作窗口的属性操作栏中修改结构和层数。如图 6-70

所示。

B. 部分有房檐情况下，采用墙面和房屋边相结合，在房屋各面上采点(先在房屋边上采 2 点，其余各面上采 1 点)。方法和步骤如下：

(1)按 A 中所述方法选择房屋编码“3103013 建成房屋”；

(2)在房屋的第一条边上点击 2 个节点，其余 3 个墙面上各点击 1 个点；

(3)最后点击功能菜单上的“绘制”按钮，绘制出房屋。

(4)按图 6-70 编辑房屋的结构和层数。

C. 部分有房檐情况下，采用墙面和房屋边相结合。方法和步骤如下：

(1)按 A 中所述方法选择房屋编码“3103013 建成房屋”；

(2)在墙面上采集 1 点，将鼠标放至同一墙面的房檐上按 Shift+A 键，将第 1 点高程升至房檐；

(3)在同一墙面上选择第 2 点；

(4)在其他 3 个面上各选择 1 点；

(5)点击功能菜单上的“绘制”按钮，绘制出房屋。

(6)按图 6-70 编辑房屋的结构和层数。

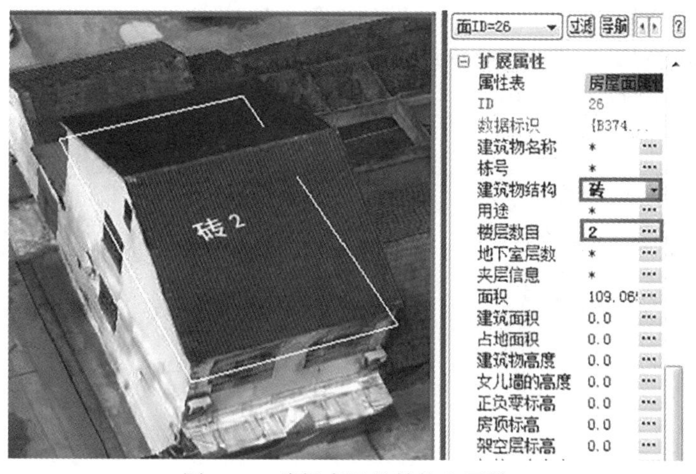

图 6-70 编辑房屋的结构和层数

D. 有房檐情况下，采用墙面，在房屋各面上采点(先在第 1 个房屋面上采 2 点，其余各面上采 1 点)。方法和步骤如下：

(1)按 A 中所述方法选择房屋编码“3103013 建成房屋”；

(2)在第 1 个墙面上采集 2 点；

(3)在其他 3 个面上各选择 1 点；

(4)点击功能菜单上的“绘制”按钮，绘制出房屋；

(5)最后选中房屋，单击主菜单“三维测图”→“调整矢量高程”，在选择框中，把“调整方法”选择为“贴表面模型”。如图 6-71 所示。

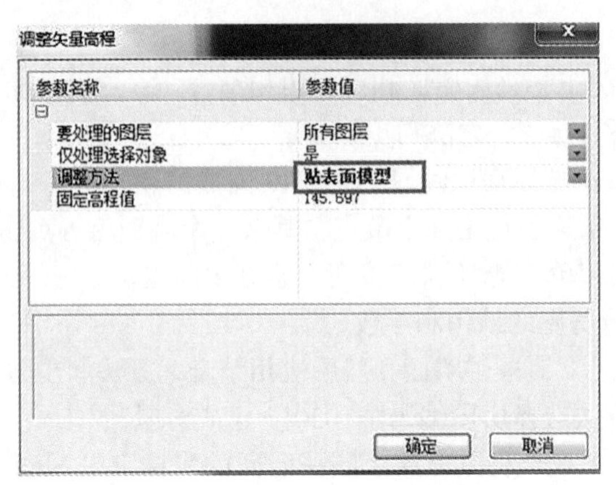

图 6-71　高程调整为贴表面模型

2) 房屋(采房角)

在这种采集模式下，将光标放在房角处，依次采集房屋的各个角点，结束后可以弹出属性采集界面，录入房屋结构、楼层等相关属性信息。

需要用到锁定高程快捷键 Ctrl+A。

操作方法和步骤如下：

(1) 选择房屋编码“3103013 建成房屋”；

(2) 按快捷键 Ctrl+A 锁定高程，如图 6-72 所示；

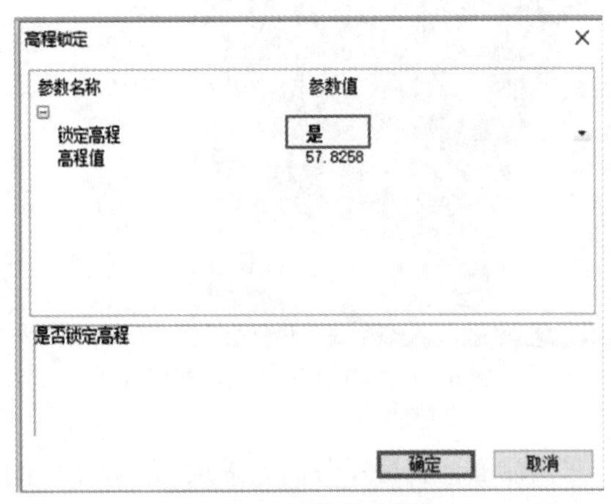

图 6-72　锁定高程操作

(3) 依次顺序方向或逆序方向采集房屋的各个角点；

(4) 采集完角点后按快捷键 C 闭合，自动弹出窗口录入房屋结构和层数。

提示：绘制完成后，将“锁定高程”改为“否”。

3) 房屋(基于墙面采集)

这种采集房屋的模式，“以面代点”测量，只需要采集清晰面上的任意一个点，程序会自动拟合计算出房角点。采集过程中直接采集墙面，不再需要房檐改正，省去了房檐改正工作。

需要用到快捷键："Shift+A""Ctrl+鼠标左键"。

操作方法和步骤如下：

(1)选择房屋编码"3103013 建成房屋"；

(2)在墙面采集1点，将鼠标放至同一墙面的房檐上按 Shift+A 键，将第1点高程升至房檐；

(3)在同一墙面上选择第2点；

(4)在其他每一个面上按住 Ctrl，用鼠标左键点一点直至回到第一面；

(5)按 X 键退回最后一点到房屋角点，Z 键回到第一点，X 键将第一点退回至房屋角点，按 C 键闭合；

(6)在弹出窗口中录入房屋结构和层数；

(7)选中房屋，将鼠标放至底部地面位置，三维窗口使用快捷键 A 建立立体白模。如图 6-73 所示。

图 6-73 基于墙面绘制房屋

4)房屋(房屋切片)

针对楼层轮廓形状不同的房屋，可以按层分别采集，得到不同的轮廓切片。如图 6-74 所示。

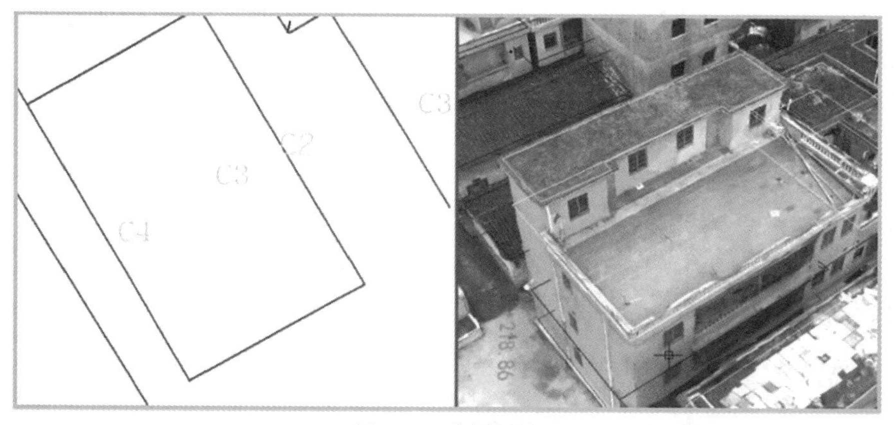

图 6-74 房屋切片

操作方法和步骤如下：

(1) 选择房屋编码“3103013 建成房屋”；

(2) 在每层不同结构的分割位置使用快捷键 Ctrl+A，绘制出同高程的房屋；

(3) 根据楼层轮廓不同，分层绘制，例：1 层无阳台的可单独绘制，2 层+3 层轮廓相同就绘制一个房屋面，录入不同属性信息，4 层结构不同再绘制一个单独房屋；

(4) 二维窗口房屋面位置相同的地方面重合，叠加显示。

5) 房屋(自动提取)

在这种采集模式下，将光标放在建筑的某一水平点，系统根据该点所在的水平面，自动截取，生成房屋轮廓。

程序自动提取出来的矢量虽然达不到人工采集的效果，但是在很多情况下还是很有用的，能明显看出房屋的轮廓，能极大地提高测图效率。

操作方法和步骤如下：

(1) 单击主菜单“三维测图”→“自动提取矢量”；

(2) 操作窗口选择提取方式(水平面)，点击提取位置，自动获取当前位置高程；

(3) 点击可修改“编码”以及“图层”；

(4) 选择“自动提取矢量”提取出房屋轮廓。如图 6-75 所示。

图 6-75　自动提取房屋轮廓

6) 切割显示(自动切割)

当房屋、树木遮挡造成数据采集困难时可采用这种切割模式。输入切割水平高程，系统根据该点所在的水平面，自动切割。

操作方法和步骤如下：

(1) 单击主菜单“三维测图”→“切割显示”；

(2) 在操作窗口中，选择水平切割：输入高程值；选择裁剪方向：反；

(3) 点击“切割”。如图 6-76 所示。

2. 道路的绘制

1) 道路(多义线)

测量道路，一个对象含多种线型(直线、圆弧与曲线)，直线与圆弧、曲线是一个整体，采集、编辑过程二三维都支持强大的快捷键。

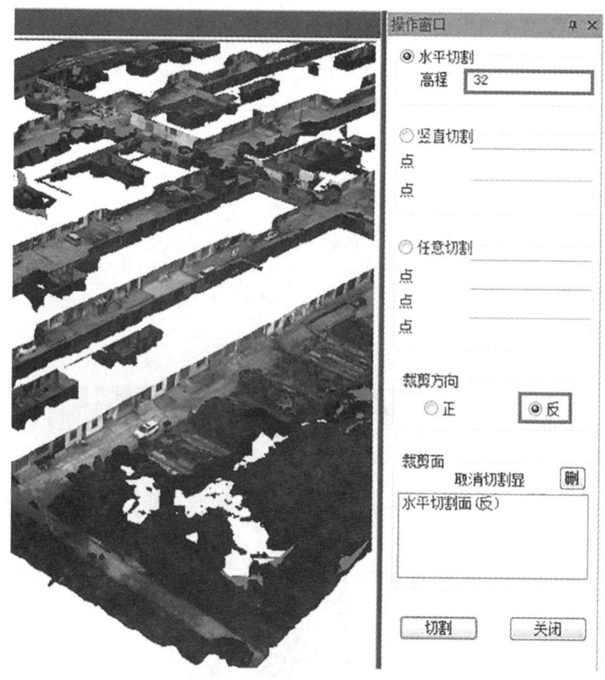

图 6-76 自动切割显示

需要用到快捷键：直线——“1”、曲线——“2”、圆弧——“3”。

操作方法和步骤如下：

(1)选择道路编码“4305034 支路边线”；

(2)鼠标左键单击各点绘制道路。如图 6-77 所示。

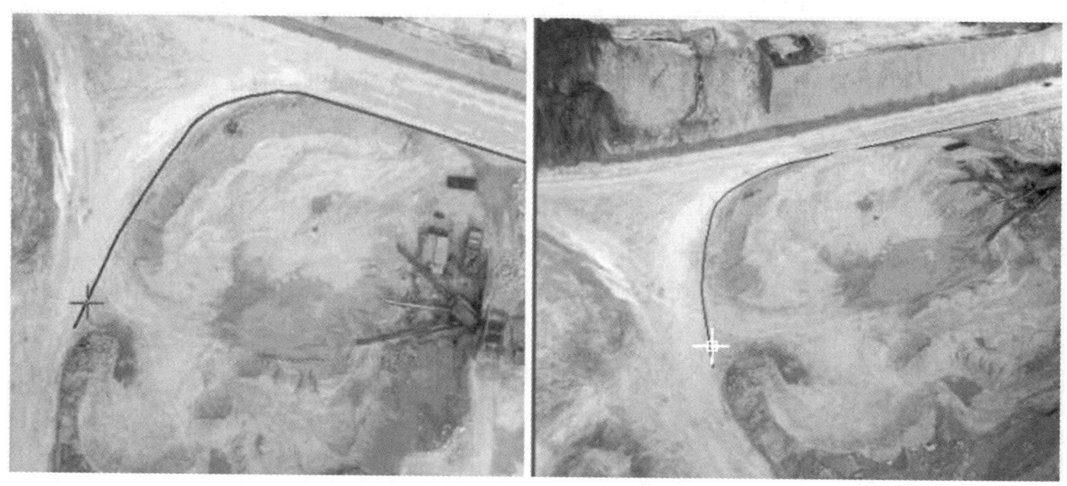

图 6-77 绘制多义线道路

绘制过程中可以用快捷键1(直线)、2(曲线)、3(圆弧)绘制多义线线型。

说明：在画线过程中，前面介绍的快捷键要注意应用。

2)道路(平行线)

对于平行线道路，在采集道路时先沿着道路一边采集，采集结束后，将光标移到另一边的任意位置点击鼠标右键，自动生成平行线。

功能勾选：在加线状态下选中“结束生成平行线”。

操作方法和步骤如下：

(1)选择道路编码“4305034 支路边线”；

(2)绘制道路，绘制结束后勾选“结束生成平行线”，如图6-78所示；

(3)鼠标放置到道路另一条边线右键点击，自动在鼠标位置生成道路平行线，如图6-79所示。

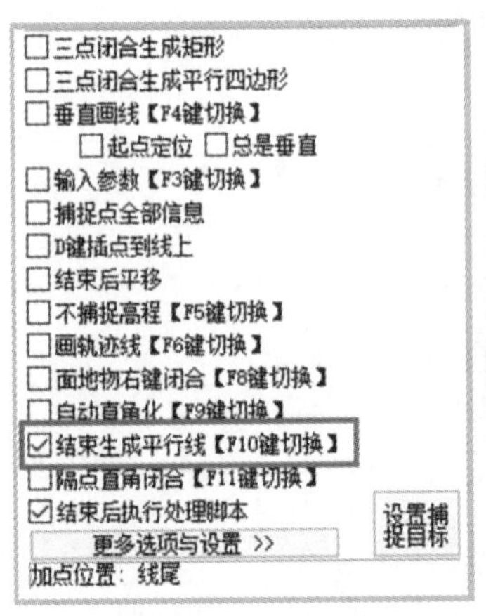

图6-78　勾选复选框

图6-79　绘制道路平行线

3)道路(植被剔除方式)

在采集过程中，如果植被遮挡严重，在光标位置处可以剔除植被覆盖部分，便于采集。

倾斜模型中的植被或高层建筑经常会影响测图，这个时候可以对模型进行切割显示。植被切除后，道路的绘制就清晰了。

操作方法和步骤如下：

(1)单击菜单“三维测图”→“切割显示”，如图6-80所示；

(2)操作窗口选择提取方式：水平切割；

(3)点击切割位置，自动获取当前位置高程，如图高程为788.651m；

(4)选择可切割方向“正”或“反”来进行切割。切割后的图形如图6-81所示。

“垂直切割”“任意切割”绘制范围可自动切割。

3. 高程点的采集

自动提取倾斜模型高程点。加点方式如下：

(1)点选：以单击处为圆心，在圆心处增加高程点。

图 6-80 模型切割——操作窗口

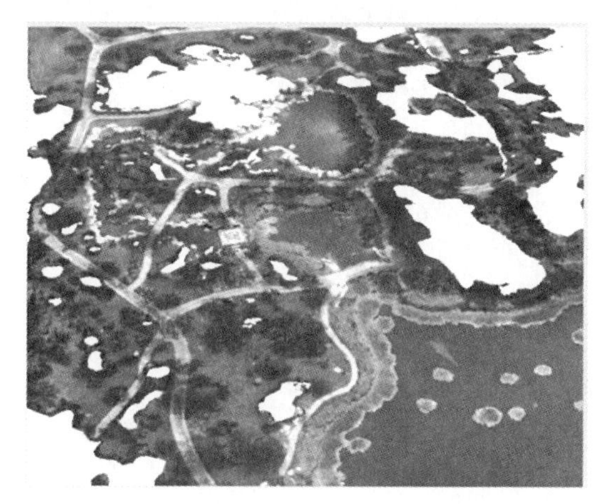

图 6-81 模型切割——植被剔除方式

(2)线选：在等高线间距有效时，沿所画线方向每相隔输入间距值增加高程点，点击右键结束。

(3)面选：按给定网格间距在所选范围内生成的网格中心位置增加高程点，点击右键结束。

(4)等高线编码：此项不为空时，并且等高线限差(m)有效，高程点距等高线小于该限差时不生成。

操作方法如下：

(1)单击主菜单“三维测图”→“提取高程点”，如图 6-82 所示。

(2)当单选“点选”时，输入高程点编码“7201001 高程点”，点击需要高程点的位置，自动提取出高程点，并标出高程标注。

(3)当单选“线选”时，输入高程点编码“7201001 高程点”，一般道路绘制中心线，设置高程点的间距，右键根据设置的间距自动生成高程点。

(4)当单选“面选”时，输入高程点编码“7201001 高程点”、输入等高线编码“7101012 首曲线、7101012 计曲线”、输入等高线限差“0.5”(限差：与等高线的距离为 0.5 的位置不提取高程点，避免电线矛盾)，手动绘制范围，提取高程点或选择闭合的面地物，直接提取出高程点。

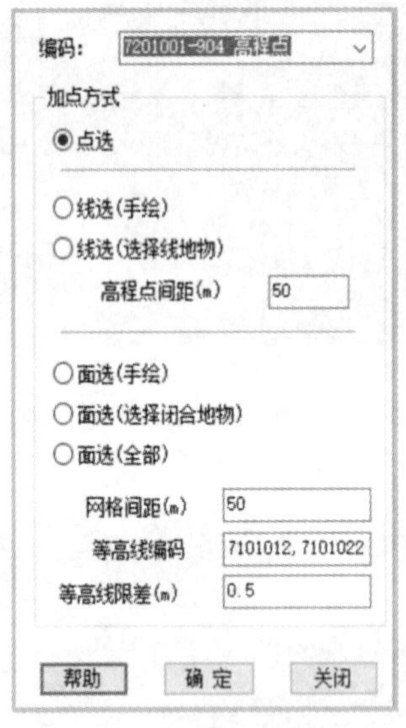

图 6-82　提取高程点信息框

4. 等高线的采集

1)等高线(根据高程点生成)

通过高程点构建三角网生成等高线的模式，需要在工作站主界面的“工作台面定制”中选择“地模处理”模块。

操作方法和步骤如下：

(1)首先生成三角网。根据已有的高程点，单击主菜单“地模处理”→“生成三角网”。

(2)选择或输入参数。如图 6-83 所示。

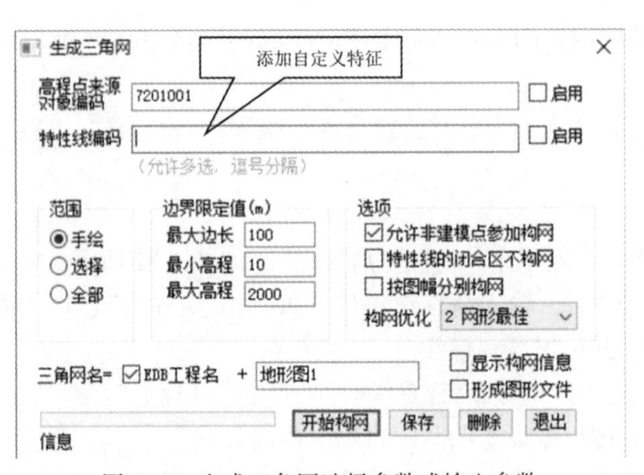

图 6-83　生成三角网选择参数或输入参数

①高程点来源对象编码：生成三角网时“高程点来源对象编码”是多个时，分别用英文逗号隔开，如不勾选“启用”，系统默认高程点来源于图面高程点。

②特性线编码：为了使数字地面模型更真实地表示实际地形，在建模时还必须考虑地形的特性线。特性线一般为地性线(山脊线或山谷线)；断裂线(陡坎、房屋等)为任何线状地物。特性线控制了三角网和等高线的生成形状，从而使作图者得到一种更加符合客观实际的地表模型(三角网)。效果图如图 6-84 所示。注：填写了特性线编码必须勾选“启用”。

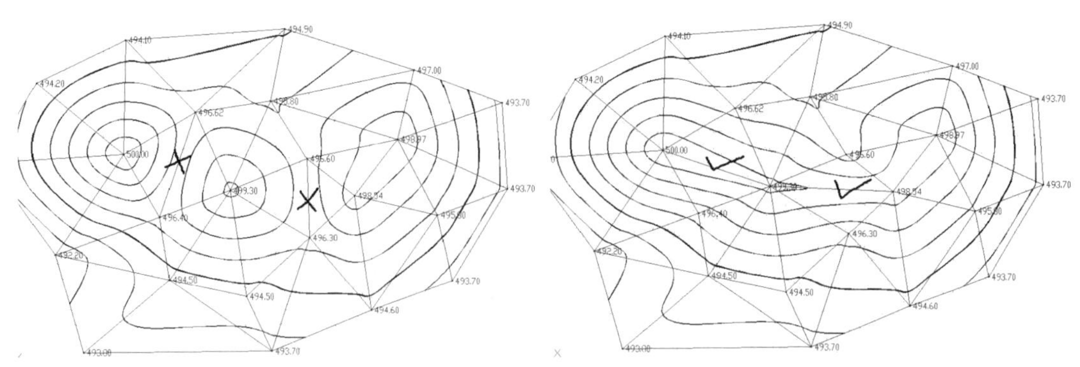

图 6-84　使用特性线前后等高线

自定义特性线很简单，启动画线功能，输入自定义编码，如 101。

有些特性线不需要自定义，直接输入线状地物编码，如建成房屋编码 3103013，池塘编码 2301023 等。

③构网范围：如果选择“绘制范围线”，用鼠标在目标区域画一个多边形范围线(点击鼠标右键闭合)；如果选择“已有范围线”，用鼠标在目标区域选择一个闭合地物(线或面对象)；如果选择“全部数据”，则当前内存中所有建模点都将参加构网。

④最大边长：生成三角网时所允许的三角形最大边长，通过设置最大边长，可以有效控制狭长三角形的生成。

⑤大小高程：小于小值或大于大值的高程点，在生成三角网时将被忽略。通过设置大小高程可使一些错误的高程点不参加构网。

特性线的闭合区不构网：闭合特性线的闭合区域内不生成三角网，如房屋、塘、闭合水域等。

(3)生成三角网：点击“开始构网”，系统将收集指定区域内的全部可参加建模的高程点按照角度大化原则自动构网，如图 6-85 所示。

2)等高线(手绘)

手绘等高线的操作方法和步骤如下：

(1)启动提供调节高程和锁定高程的功能菜单。单击主菜单“三维测图”→“手绘等高线”，如图 6-86 所示。

(2)在弹出的信息设置条中，在“当前高程”中输入要绘制的高程值，例如 30；设置“步距”，等高距设置为 1m。

(3)根据倾斜模型，手动绘制等高线，如图 6-87 所示。

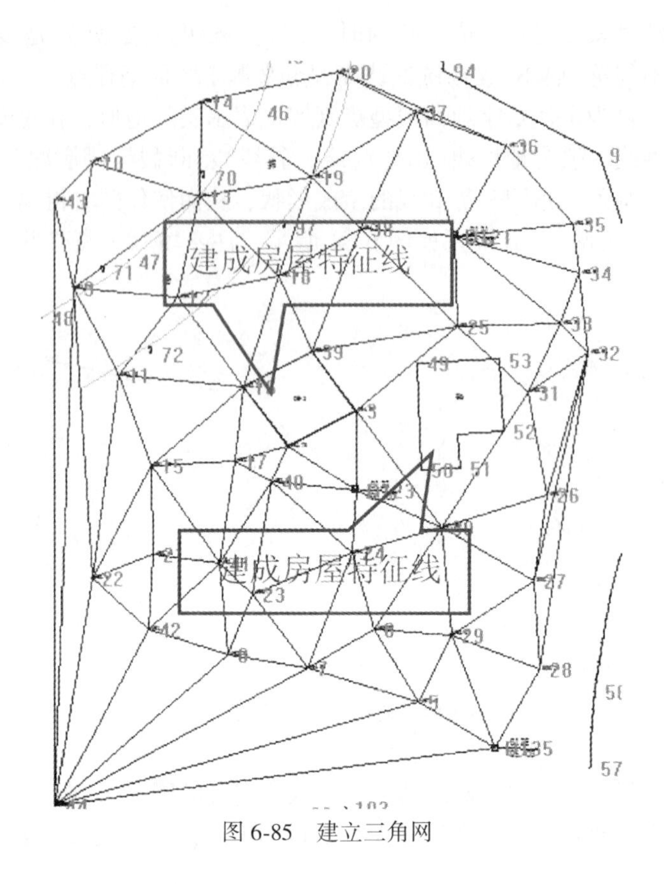

图 6-85 建立三角网

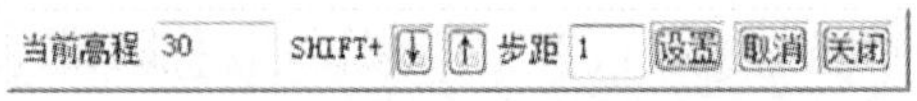

当前高程 30 SHIFT+ ↓ ↑ 步距 1 设置 取消 关闭

图 6-86 手动绘制等高线设置

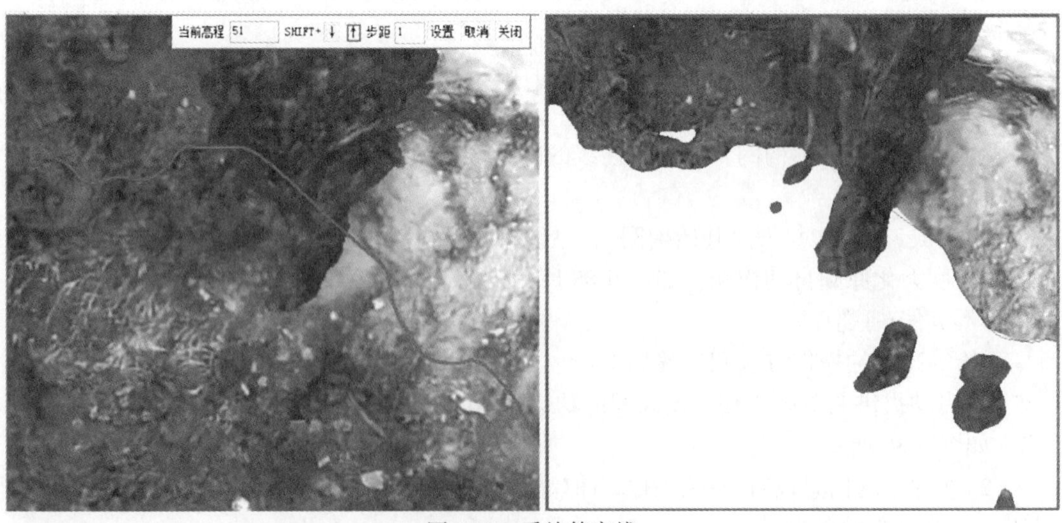

图 6-87 手绘等高线

此时功能启动后，使用快捷键 A 恢复二维的加点功能，可用鼠标左键点击“绘制等高线”，也可用快捷键 A 来快速加线。

5. 植被(旱地绘制)

植被边界采集完成后，进行植被构面，系统自动生成二、三维植被符号，植被数据与实景模型相吻合。需要使用的快捷键：“Shift+G”设置填充编码、“G”填充。

操作方法与步骤：

(1)鼠标放在闭合区域，使用快捷键 Shift+G。

(2)在弹出窗口中设置填充面编码“8103023 旱地”，如图 6-88 所示。

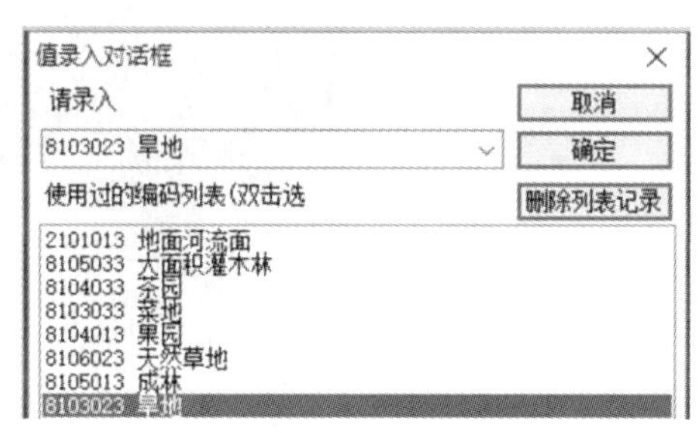

图 6-88　旱地植被符号填充

(3)填充后的图如图 6-89 所示。

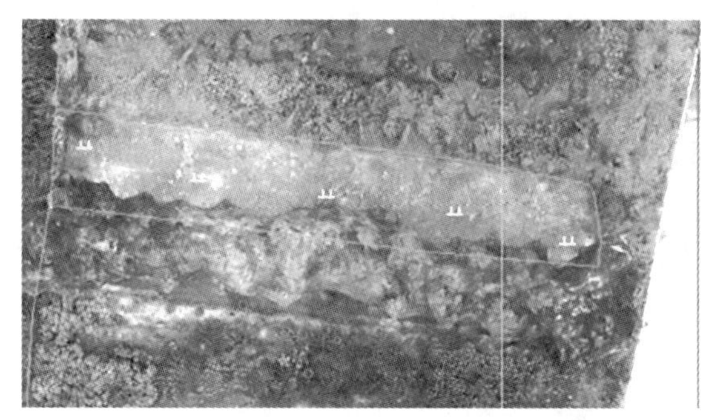

图 6-89　旱地植被符号填充

对于同类属性地物，鼠标可以依次放置到闭合区域，使用快捷键 G，填充面编码“8103023 旱地”。

6. 斜坡的绘制

采集时先采集坡顶，再采集坡底，系统自动生成二、三维斜坡符号，斜坡数据与实景模型相吻合。快捷键使用：“J”设置或取消转折点，“K”设置或取消特征点。

操作方法和步骤如下：

(1)选择斜坡编码“7601013 未加固斜坡范围面”。

(2)鼠标左键点击绘制坡顶线，坡顶结束的位置使用快捷键 J。

(3)继续绘制坡的宽度，再绘制坡底线，使用快捷键 C 闭合。

(4)斜坡符号绘制完成后也可再使用快捷键 J。

(5)调整斜坡美观度，保证坡上线和坡下线都有节点，在节点位置可以使用快捷键 K。如图 6-90 所示。

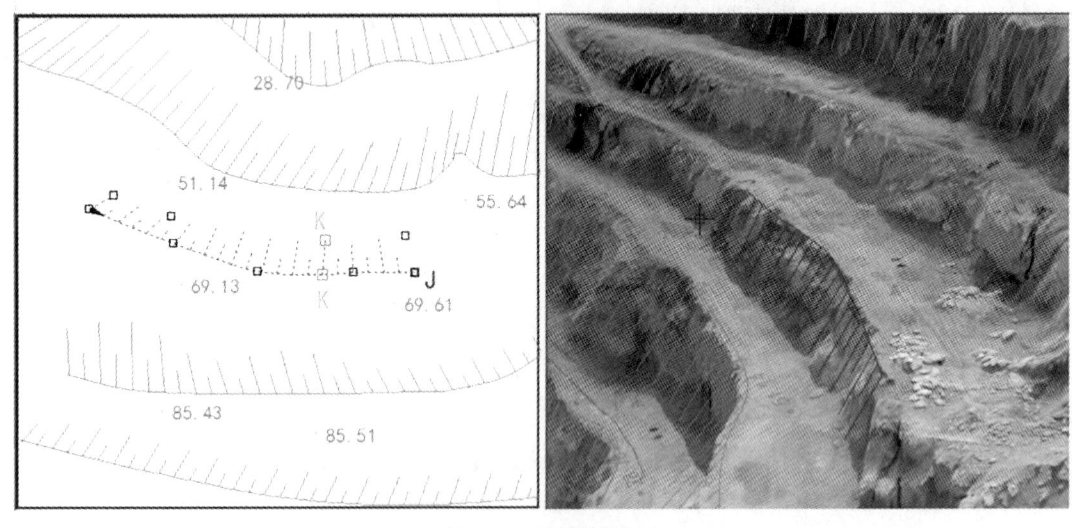

图 6-90　绘制斜坡

7. 文字注记绘制

操作方法和步骤如下：

(1)点击工具条A加注记。在分类编码列表框中选择道路分类号“4990004 支道、内部路名称注记”，如图 6-91 所示。

(2)选择注记线型为曲线线型注记，如图 6-91 所示。

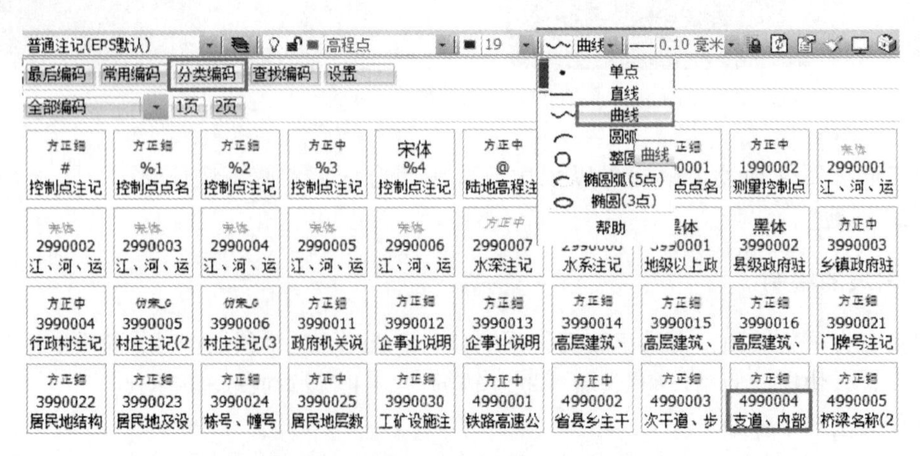

图 6-91　选择分类注记和注记线类型

(3)鼠标在绘图显示区点击注记的起始点。
(4)在弹出的文字编辑框中输入需要注记的文字。
(5)鼠标左键继续点击文字注记中间点。
(6)按鼠标右键结束，按 ESC 键退出绘制文字。如图 6-92 所示。

图 6-92　曲线排列文字注记

若是单点的注记，屏幕上即立刻出现增加的注记，若是线类的，则需要人工点击鼠标左键确定每个节点的位置，绘制好后点击右键确定。

6.4.7　数据检查

数据合法性检查内容较多，需要分步操作。双击某一检查项即可执行，也可以点击鼠标右键从快捷菜单中选择“执行组检查”。

单击主菜单“工具”→“数据检查”→“数据合法性检查”，如图 6-93 所示。

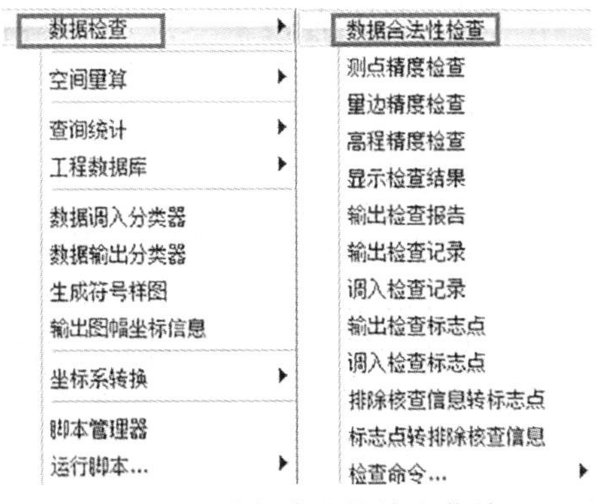

图 6-93　数据合法性检查菜单

1. 数据标准检查

检查各要素的归类是否正确，即要素的分类代码是否正确。

(1)编码合法性检查：用于检查编码的长度、无对照编码、属性层中的非属性编码等各对象编码的合法性。

操作方法和步骤：

①在二维窗口中打开矢量地形图；

②单击主菜单“工具”→“数据检查”→“数据合法性检查”，如图 6-93 所示；

③在绘图显示区右侧操作窗口的基础地形检查中，单击“编码合法性检查”，绘图显示区底部命令行会列出相关检查信息。如图 6-94 所示。

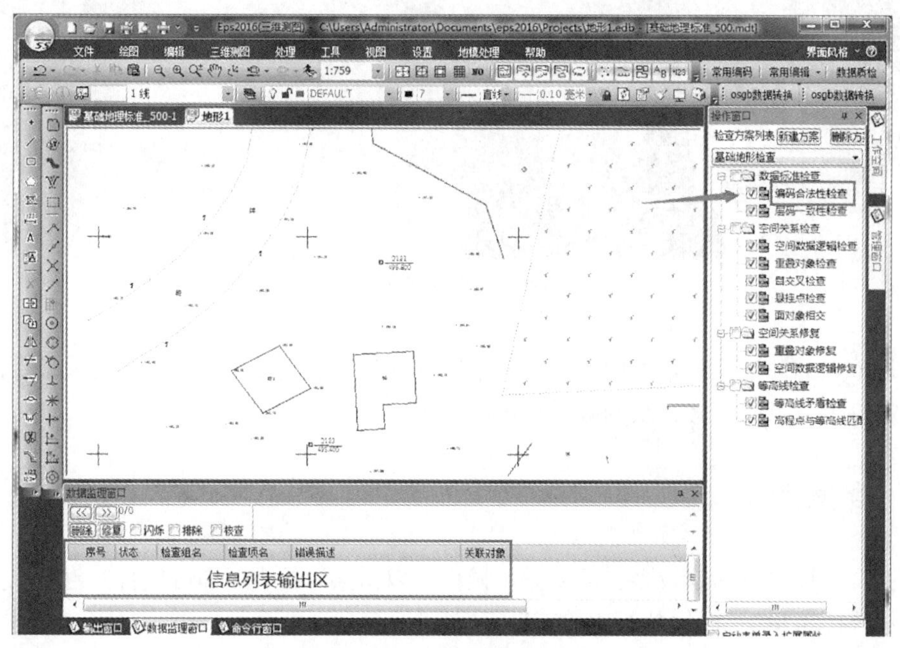

图 6-94　编码合法性检查

(2)层码一致性检查：用于检查在数据中对象层名与对照表中定义的层名不一致的错误。操作方法和步骤同上。

2. 空间关系检查

用于检查生产中数据的空间关系正确性，包括重叠、悬挂、自相交等数据空间正确性的检查。

(1)空间数据逻辑检查：用于检查数据的空间逻辑性正确与否。菜单如图 6-95 所示。包括：

①线对象只有一个点；

②一个线对象上相邻点重叠；

③一个线对象上相邻点往返(回头线)；

图 6-95 空间数据逻辑检查

④少于 4 个点的面；

⑤不闭合的面。此检查需设置相邻重合点的最大限距(缺省值 0.001m)。

(2)重叠对象检查：用于图中地物编码、图层、位置等相同的重复对象。

(3)自交叉检查：检查自相交错误。

(4)悬挂点检查：用于检查图中地物(如房屋、宗地)有无悬挂点。悬挂点是指应该重合而未重合，两点之间或点线之间的限距很小的点。

(5)面对象相交检查：用于检查指定编码面之间是否存在相互交叉的关系。如图 6-96 所示。

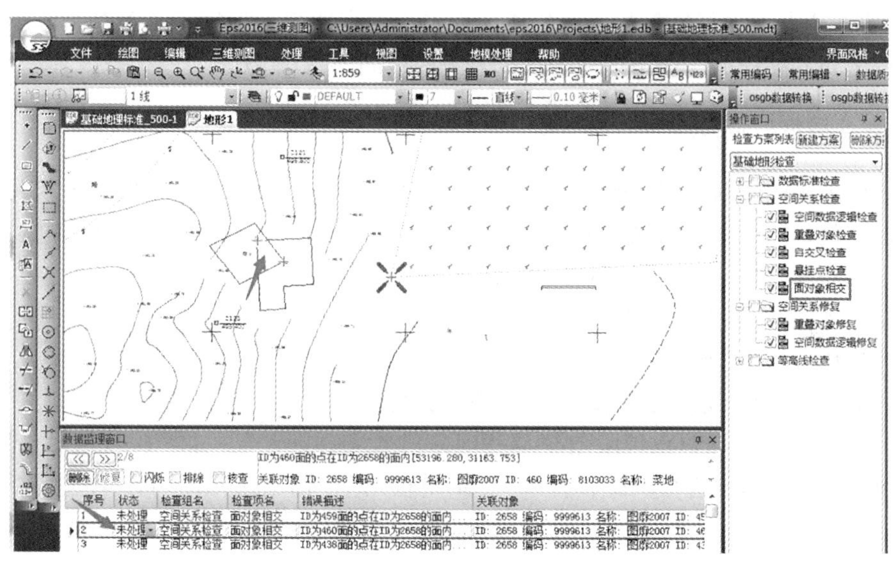

图 6-96 面对象相交检查

3. 空间关系修复

用于修复空间关系类。如图 6-97 所示。

(1)重叠对象修复：地物重叠对象修复是对检查出来的点、线、面、注记四类对象编码、层一致、位置也一致的重叠对象进行删除。

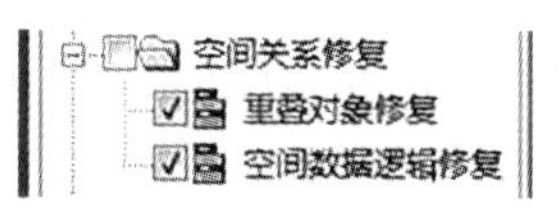

图 6-97 空间关系修复

(2)空间数据逻辑修复：是对块图中检查出来的空间数据非法性进行自动修复。包括：

①线对象只有一个点的将删除线；

②一个线对象上相邻点重叠的删除多余相邻点；

③一个线对象上相邻点往返(回头线)的删除多余点。

4. 等高线检查

如图 6-98 所示，包括以下两个方面：

(1)等高线矛盾检查：等高线矛盾检查用于检查三根相邻的等高线值是否矛盾。

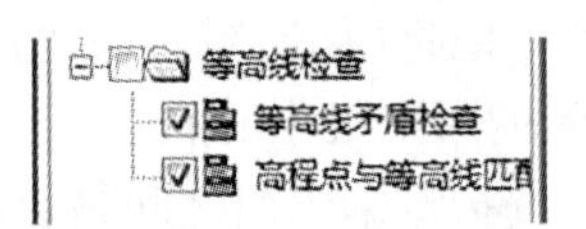

图 6-98　等高线检查

(2)高程点与等高线匹配检查：检查高程点与等高线之间位置、高差是否匹配，如相邻等高线之间的高程点高程超过两等高线限定的范围。

5. 测点精度检查

为了使采集的数据更加准确，需要进行测点精度检查，将采集的点与外业实际测点进行对比检查就是测点精度检查。在数据检查处点击测点精度检查，可以自己定制点位限差、规定误差和高程限差来制定我们测点检查的精度。

菜单启动："工具"→"数据检查"→"测点精度检查"。

后续操作方法和步骤如下：

(1)首先选择"装载检测数据"，装载外业实测点坐标；

(2)输入项目要求的"点位限差""高程限差""规定中误差"，如图 6-99 所示。

可每一个点位依次进行匹配；在"检查结果输出"中输出结果时可以选择是否和高程精度检查一同输出。

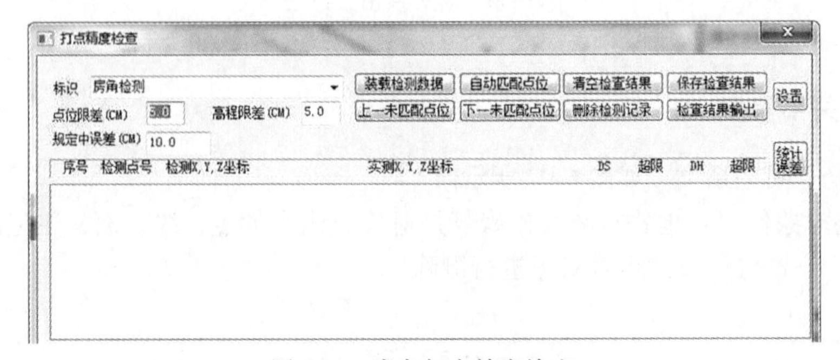

图 6-99　房角打点精度检查

(3)点击"设置"可以对检查的一些参数进行设置，是否自动调到下一未匹配点可以根据需要设置，自动匹配时只匹配平面坐标，选择“是”时便不会进行高程检查。如图 6-100 所示。

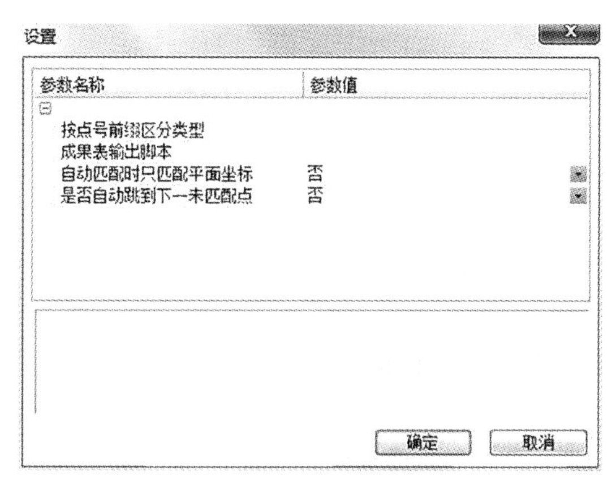

图 6-100 点位精度设置对话框

6. 量边精度检查

为了提高绘制的精度需进行量边精度检查，在数据质检处点击“量边精度检查”。

菜单启动：“工具”→“数据检查”→“量边精度检查”。

后续操作方法和步骤如下：

(1)在弹出的窗口中输入规定的中误差，检查边长列表可以选择两点定边或者直接选边，如图 6-101 所示；

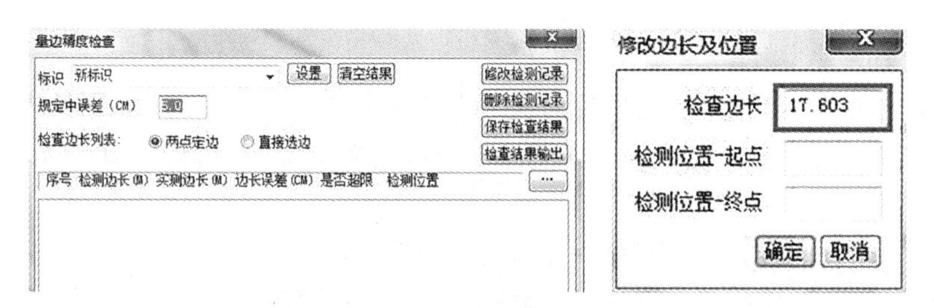

图 6-101 量边检查信息输入框

(2)选好边后在弹出的窗口中输入检查边长(外业实测边长)，点击“确定”。

6.4.8 数据输出

1. CASS9 输出

绘制数据完成后可以将数据输出为南方 CASS9 格式。

操作方法和步骤如下：

(1)单击图标快捷工具“成果转换”→“CASS9 数据输出”；或者单击主菜单“工具”→“运行脚本…”→“CASS 转换”→“CASS9 数据输出”，如图 6-102 所示。

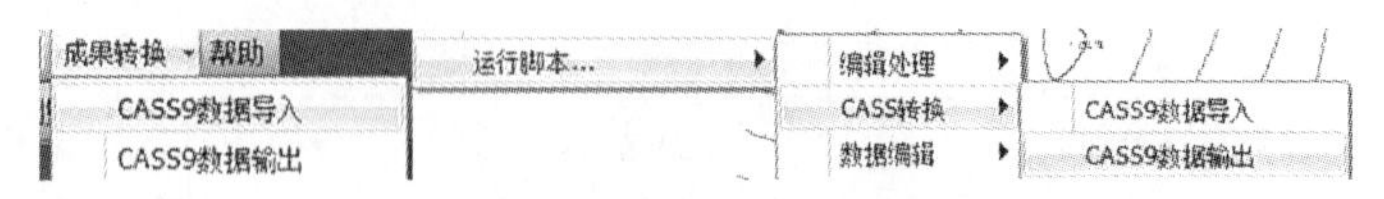

图 6-102　CASS9 文件输出菜单

(2)在弹出的“设置输出模式”对话框中选择输出的范围“全部输出”，然后点击“确定”。

(3)在“指定输出文件名”对话框中选择存放路径，保存类型和成果的名称，点击保存。

(4)弹出对话框输出完成。如图 6-103 所示。

图 6-103　设置输出模式与文件名

2. 打印输出图片

操作方法和步骤如下：

(1)单击主菜单“文件”→“打印区域设置”；

(2)在图框列表中设置图纸，根据纸张进行自定义设置，如图 6-104 所示；

图 6-104　图片打印参数设置

(3)页面方案选择图框“标准正分幅图”;

(4)设置比例尺;

(5)设置“打印偏移”为“居中”;

(6)手动二维窗口选择打印图幅;

(7)点击“加入”;

(8)继续点击“打印”，图框中显示“打印图框列表”需要打印的图幅，如图 6-105 所示;

(9)继续选择“输出设备”，可直接通过打印机方式打印，也可输出到图像，如图 6-105所示;

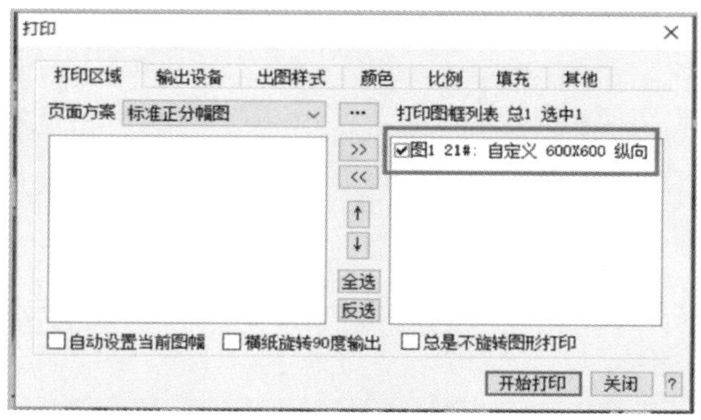

图 6-105　打印图框列表设置

(10)在弹出框中填写文件名字，选择存放路径，选择保存的文件类型，然后保存;

(11)打印输出 JPG 文件成果，如图 6-106 所示。

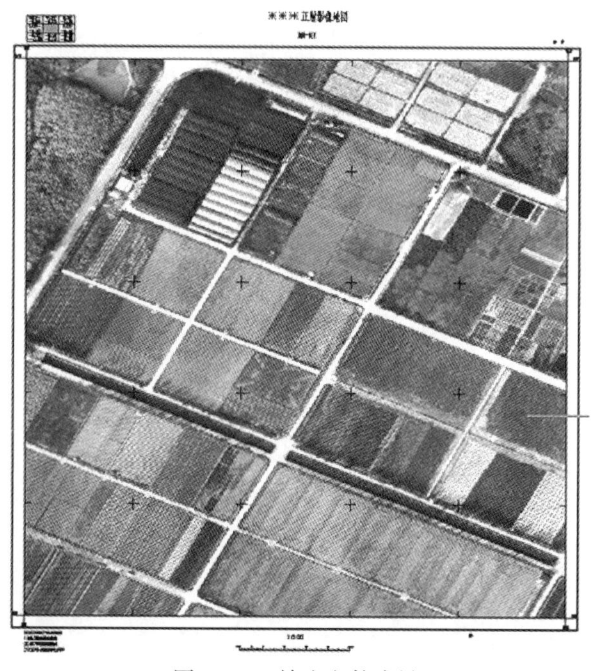

图 6-106　输出文件成果

习题与思考题

1. 航空摄影 6D 产品，分别是什么？
2. DEM 产品的制作方法有几种？请详细说明。
3. 简述 TDOM 和 DOM 的概念。两者有什么不同，请简要说明。
4. 简述 DEM 和 DSM 的概念。两者有什么不同，请简要说明。
5. 简述用 ContextCapture 软件生产 DSM、DOM 和三维模型的作业步骤。
6. 简述用北京山维 EPS 采集立体模型数据绘制地形图的作业步骤。

参 考 文 献

[1]赵国梁. 无人机倾斜摄影测量技术[M]. 西安：西安地图出版社，2019.
[2]刘广社. 摄影测量与遥感[M]. 武汉：武汉大学出版社，2017.
[3]李德仁，王树根，周月琴. 摄影测量与遥感概论[M]. 北京：测绘出版社，2008.
[4]张剑清，潘励，王柯根. 摄影测量学[M]. 武汉：武汉大学出版社，2003.
[5]林君建. 摄影测量学[M]. 北京：国防工业出版社，2006.
[6]张祖勋，张剑清. 数字摄影测量学[M]. 武汉：武汉大学出版社，2001.
[7]国家测绘局. CH/Z 3005—2010 低空数字航空摄影规范[S]. 北京：测绘出版社，2010.
[8]国家测绘局. CH/Z 3004—2010 低空数字航空摄影测量外业规范[S]. 北京：测绘出版社，2010.
[9]国家测绘局. CH/Z 3003—2010 低空数字航空摄影测量内业规范[S]. 北京：测绘出版社，2010.